FAYOL, HEN

Notice sur les travaux scientifiques et techniques de H.Fayol

Paris   1918

NOTICE

SUR LES

TRAVAUX SCIENTIFIQUES

ET TECHNIQUES

DE

M. Henri FAYOL,

DIRECTEUR GÉNÉRAL
DE LA SOCIÉTÉ ANONYME DE COMMENTRY-FOURCHAMBAULT
ET DECAZEVILLE.

PARIS

GAUTHIER-VILLARS ET Cᵉ, ÉDITEURS

LIBRAIRES DU BUREAU DES LONGITUDES, DE L'ÉCOLE POLYTECHNIQUE

Quai des Grands-Augustins, 55

1918

NOTICE

SUR LES

TRAVAUX SCIENTIFIQUES

ET TECHNIQUES

DE

M. Henri FAYOL,

DIRECTEUR GÉNÉRAL
DE LA SOCIÉTÉ ANONYME DE COMMENTRY-FOURCHAMBAULT
ET DECAZEVILLE.

PARIS

GAUTHIER-VILLARS ET Cie, ÉDITEURS

LIBRAIRES DU BUREAU DES LONGITUDES, DE L'ÉCOLE POLYTECHNIQUE

Quai des Grands-Augustins, 55

1918

TITRES ET FONCTIONS.

Né le 29 juillet 1841.

Élève à l'École des Mines de Saint-Étienne (1858-1860).

Ingénieur aux Houillères de Commentry (1860-1866).

Directeur des Houillères de Commentry (1866-1872).

Directeur des Houillères de Commentry, des Houillères de Montvicq et des Minières du Berry (1872-1888).

Directeur général de la Société de Commentry-Fourchambault et Decazeville (1888-1918).

Administrateur-Délégué de la Société civile des Mines de Joudreville.

Administrateur et Président du Comité de Direction de la Société métallurgique de Pont-à-Vendin.

Membre du Comité central et de la Commission technique du Comité central des Houillères de France.

Membre du Comité de Direction du Comité des Forges de France.

Membre du Conseil de Perfectionnement de l'École nationale des Mines de Saint-Étienne.

Membre du Conseil de Perfectionnement du Conservatoire national des Arts et Métiers.

RÉCOMPENSES.

Médaille d'or à l'Exposition de 1878.

Médaille d'or à l'Exposition de 1889.

Grand Prix à l'Exposition de 1900.

Médaille d'or de la Société de l'Industrie minérale, 1880 (pour l'étude sur l'altération et la combustion spontanée de la houille exposée à l'air).

Grande Médaille d'honneur du Cinquantenaire de la Société de l'Industrie minérale, 1908 (Lutte contre les feux de mines).

Prix Delesse de l'Académie des Sciences, 1913 (Rapport de M. Mallard) pour les études sur le terrain houiller de Commentry.

Chevalier de la Légion d'honneur en 1888.

Officier de la Légion d'honneur en 1913.

TRAVAUX SCIENTIFIQUES ET TECHNIQUES.

EXPLOITATION DES MINES.

Note sur le boisage aux Houillères de Commentry. Emploi du fer et du bois. Expériences sur la durée des bois préparés (Bulletin de la Société de l'Industrie minérale, septembre 1874).

Note sur le guidage des puits de la Houillère de Commentry (Bulletin de la Société de l'Industrie minérale, juillet 1876).

Note sur le boisage, le déboisage et le remblayage dans les Houillères de Commentry (Bulletin de la Société de l'Industrie minérale, février 1887).

Étude sur les incendies spontanés dans les Houillères de Commentry (Bulletin de la Société de l'Industrie minérale, mai 1878).

Note sur la suppression du poste de nuit dans le remblayage des grandes couches (Congrès d'Alais, mai 1882).

Note sur les mouvements de terrain provoqués par l'exploitation des mines (*Bulletin de la Société de l'Industrie minérale*, 1885). Un volume 71 pages, 11 planches.

Études sur l'altération et la combustion spontanée de la houille exposée a l'air (*Bulletin de la Société de l'Industrie minérale*, 1878). Un volume 260 pages, 13 planches. Médaille d'or de la Société de l'Industrie minérale.

Ce Mémoire est encore aujourd'hui le meilleur guide connu pour les mesures à prendre contre le danger d'incendie dans les Mines, à bord des navires et partout où la houille se trouve amoncelée en masses un peu considérables.

GÉOLOGIE ET PALÉONTOLOGIE.

Études sur le terrain houiller de Commentry (Extrait des *Comptes rendus des séances de l'Académie des Sciences*, 16 mai 1881).

Sur le terrain houiller de Commentry. Expériences faites pour en expliquer la formation (Extrait des *Comptes rendus des séances de l'Académie des Sciences*, 30 mai 1881).

Études sur le terrain houiller de Commentry. Sa formation attri- buée à un charriage dans un lac profond (Extrait des *Comptes rendus des séances de l'Académie des Sciences*, 20 juin 1881).

Sur l'origine des troncs d'arbres fossiles perpendiculaires aux strates du terrain houiller (Extrait des *Comptes rendus des séances de l'Académie des Sciences*, 18 juillet 1881).

Note sur les végétaux fossiles dans la houille et le terrain houiller (*Bulletin de la Société de l'Industrie minérale*, 1883).

ÉTUDES SUR LE TERRAIN HOUILLER DE COMMENTRY. THÉORIE DES DELTAS (*Bulletin de la Société de l'Industrie minérale*, 1887). Un volume 543 pages, 25 planches. Prix de l'Institut.

Résumé de la théorie des deltas et histoire de la formation du bassin de Commentry (*Société géologique*, août 1888).

APPAREILS BREVETÉS.

Appareils respiratoires (1872) :

    a. Tube simple,
    b. Réservoir portatif,
    c. Combinaison avec pompe.
    d. Appareil plongeur.

Frictomètre à fléau hydraulique (1879).

ADMINISTRATION INDUSTRIELLE ET GÉNÉRALE.

PRÉVOYANCE, ORGANISATION, COMMANDEMENT, COORDINATION ET CONTROLE.

Discours prononcé par M. Henri FAYOL au Congrès des Mines et de la Métallurgie de 1900.

Exposé des principes généraux d'Administration (Congrès du Cinquantenaire de la Société de l'Industrie Minérale en 1908).

ADMINISTRATION INDUSTRIELLE ET GÉNÉRALE (*Bulletin de la Société de l'Industrie minérale*, 1916). Un volume, 174 pages.

Importance de la fonction administrative dans le gouvernement des affaires (Société d'Encouragement pour l'Industrie nationale, novembre 1917).

Sur la réforme des Services publics (Cercle du Commerce et de l'Industrie janvier 1918.)

TITRES SCIENTIFIQUES PRINCIPAUX
de M. Henri FAYOL.

Théorie des deltas.

Théorie de la combustion spontanée de la houille et règles de combat contre les feux de mines.

Théorie des mouvements de terrain provoqués par l'exploitation des mines.

ÉTATS DE SERVICES.

Ma carrière s'est entièrement écoulée au service de la même entreprise qui, fondée en 1854 sous le nom de *Société en commandite Boigues, Rambourg et C*, prit en 1874 le nom de *Société anonyme de Commentry-Fourchambault* et en 1892 celui de *Société anonyme Commentry-Fourchambault et Decazeville.*

Je débutai à Commentry comme ingénieur divisionnaire des Houillères, en 1860.

Les Houillères de Commentry étaient déjà célèbres à cette époque par leurs incendies souterrains : les feux y étaient très développés; la sécurité des travaux était à la merci d'une surprise constamment possible ; il fallait veiller et se défendre. La lutte était extrêmement pénible. J'en donnerai une idée en disant que je passai au feu mes deux premières nuits et que, pendant un an, il n'y eut guère de semaines où je ne fusse appelé au feu la nuit. C'était la grande préoccupation des ingénieurs ; le directeur y usait une robuste santé. Telle était la situation, au point de vue des feux souterrains, en 1860.

Six ans après, la situation était déjà très heureusement modifiée: de nouveaux moyens rendaient la lutte moins pénible et plus sûre; non seulement on se défendait, mais on reprenait peu à peu possession de régions depuis longtemps envahies par le feu. Ce résultat provenait à la fois de changements dans la méthode d'exploitation qui diminuaient les causes d'échauffement, et de procédés et appareils nouveaux qui permettaient de combattre plus efficacement l'incendie.

F.   2

La part que j'avais prise à ces divers progrès contribua beaucoup à me faire confier la direction de la mine lorsque mon chef mourut, presque subitement, en 1866. J'avais alors 25 ans.

Cependant le feu restait encore un grave danger pour les Houillères de Commentry. Je continuai donc à m'en occuper activement et à poursuivre les moyens de les prévenir et de les combattre.

Après 18 ans d'observations, d'expériences et d'études diverses, je publiai mon Mémoire sur l'*Altération et la combustion spontanée de la houille exposée à l'air*.

Sauf le remblayage hydraulique qui est venu d'ailleurs et dont on pourrait à la rigueur trouver le germe dans l'*embouage*, on peut dire que tous les moyens usités encore actuellement dans la lutte contre les feux de mines ont pris naissance à Commentry et sont décrits dans ce Mémoire.

Le souci constant de remonter aux causes, d'observer avec soin, de compléter ou de vérifier par des expériences de laboratoire les faits révélés par l'exploitation, en un mot d'associer étroitement la théorie et la pratique, ressort à chaque page de ces études.

Les connaissances que j'avais acquises à Commentry eurent bientôt leur application aux mines de Montvicq dont la direction me fut confiée en 1872 et dont l'exploitation était alors gravement entravée par le feu. Plus tard elles me donnèrent le courage d'aborder un problème beaucoup plus important, celui de la remise en état des Houillères de Decazeville qui étaient dévastées et compromises par les incendies souterrains.

Ces deux grandes expériences ont confirmé la valeur des règles formulées dans mon Mémoire.

On verra plus loin que ces règles sont devenues d'une application générale dans les Houillères et qu'elles sont usitées dans beaucoup d'autres circonstances, notamment dans les transports de charbon à bord des navires.

Comparativement à ce qu'elle est aujourd'hui, l'industrie houillère était encore à ses débuts et dans l'enfance de l'art, en 1860. La mine de Commentry fut parmi celles qui contribuèrent le plus à son développement et à ses progrès.

Mes publications et celles de mes collaborateurs : sur les méthodes d'exploitation, sur le boisage, sur le roulage, sur le remblayage, sur le guidage des puits, sur le triage et sur le lavage de la houille, sur les appareils respiratoires, sur la préparation des bois, sur les mouvements de terrain provoqués par l'exploitation des mines et sur le matériel et les machines de transport et d'extraction, montrent qu'aucune des préoccupations du monde minier ne nous fût étrangère.

Toutes ces études portent le même trait caractéristique : inspirées par un besoin de l'entreprise ou par une difficulté à vaincre, elles s'appuient sur l'observation et l'expérience et se résument en des règles susceptibles d'applications pratiques.

Ce trait se retrouve nettement marqué dans mes *Études sur le terrain houiller de Commentry*.

Pendant 30 ans toute observation intéressante, toute découverte minéralogique, géologique ou paléontologique (et elles sont nombreuses) est immédiatement communiquée aux savants les plus autorisés, et des études communes des techniciens et des savants sortent :

1º Les études lithologiques et stratigraphiques de M. Fayol ;

2º La faune entomologique de Ch. Brongniart ;

3º La faune ichtyologique de Sauvage ;

4º La flore fossile de MM. Renault et Zeiller ;

5º Et des études diverses de MM. de Launay, Stanislas Meunier, Gaudry, Thévenin, Lameere, Mallard, Lacroix, etc.

Jamais terrain houiller ne fut aussi profondément fouillé, analysé, décrit.

La *Théorie des deltas* en découle.

Grâce à ces études la Concession de Commentry put être complètement et rationnellement exploitée.

La théorie des deltas, donnant la clef d'un grand nombre de phénomènes géologiques jusqu'alors incompris, est désormais le guide de nos travaux de recherche et d'exploitation.

Comme on le verra plus loin, cette théorie est devenue classique.

On en parle couramment aujourd'hui dans les études et les applications géologiques comme si elle eût toujours existé ([1]).

On sait que la paléontologie rend de sérieux services à l'industrie houillère dans la recherche des gisements.

M. Boule, professeur de paléontologie au Muséum d'Histoire naturelle, constate dans la Note suivante, qu'il y a réciprocité :

« Dans ses mémorables études géologiques sur le bassin houiller de Commentry, M. Fayol ne s'est pas contenté d'étudier les questions géogéniques, il a également porté toute son attention et toute sa sollicitude vers la recherche des fossiles.

» Il s'est trouvé en présence d'un gisement merveilleux, dont il a su, avec la plus grande perspicacité, tirer tout le parti possible.

» Il a recueilli ainsi des plantes, des reptiles, des poissons et toute une collection d'insectes primaires, unique au monde. La collection d'insectes a fait l'objet d'un grand Mémoire de Charles Brongniart. Elle a été étudiée ensuite par Agnus, par M. Fernand Meunier, directeur du Musée d'Anvers et tout récemment par l'éminent zoologiste belge, le professeur Lameere.

» Ces divers travaux n'ont pas un caractère purement descriptif. Ils ont jeté une vive lumière sur l'origine et le développement de la classe des insectes. Des types extrêmement curieux, tels la libellule géante de $0^m,72$ d'envergure, ont été ressuscités par M. Fayol. Certains échantillons de cette collection nous montrent des formes d'insectes à trois paires d'ailes et nous font ainsi comprendre l'origine du groupe. Le professeur Lameere a pu établir une phylogénie des ordres primitifs d'insectes qui est principalement basée sur l'étude de la collection Fayol. Ce sont là des résultats d'une importance philosophique considérable.

([1]) Dans une Note qu'on trouvera plus loin, M. Albert de Lapparent constatait déjà en 1891, que la *Théorie des deltas* était acceptée par un grand nombre de géologues. On peut se rendre compte de l'autorité que cette théorie avait acquise à cette époque en jetant un coup d'œil sur l'étude géologique du bassin houiller de l'Aveyron par MM. Bergeron, Jardel et Picandet, ainsi que sur la magistrale étude de M. Mouret sur le bassin houiller et permien de Brive (*Études des gîtes minéraux de la France : Bassin houiller et permien de Brive, 1881, par M. Mouret, ingénieur en chef des Ponts et Chaussées*).

» En offrant ses fossiles à notre Muséum national, M. Fayol s'est montré un de nos plus généreux bienfaiteurs. Il a ainsi servi également bien la Science et le Pays. »

Dans une étude sur *Les animaux contemporains de la houille*, publiée en mars 1908, M. Armand Thévenin, docteur ès sciences, ancien président de la Société géologique de France, dit (p. 7) :

« A Commentry, le savant directeur général de la Société de Commentry-Fourchambault et Decazeville, M. Henri Fayol, a donné le plus merveilleux exemple de l'*union de la science et de l'industrie*. En même temps qu'il développait cette Société au point de la rendre l'une des plus prospères de France, il instituait les plus ingénieuses expériences sur la formation de la houille et il encourageait les ouvriers à découvrir des milliers d'empreintes d'insectes fossiles dont il a fait don au Muséum. »

Enfin en 1914, dans une Conférence sur la *Paléobotanique*, à propos des « Fêtes du Cinquantenaire de la Fondation de l'Association amicale des Anciens Élèves de l'École supérieure des Mines », M. Zeiller, membre de l'Institut, cite la récolte et l'utilisation scientifique de fossiles par l'Anglais W.-H. Sutiliffe comme un bel exemple du généreux concours de l'industrie en faveur de la science. Et il ajoute :

« N'avons-nous pas, d'ailleurs, bénéficié en France de concours aussi précieux, à Commentry, par exemple, où, pendant des années, sous la direction de M. Fayol, ingénieurs et ouvriers ont rivalisé de zèle pour la récolte d'empreintes qui ont donné, non seulement sur la flore, mais sur la faune entomologique de la fin de l'époque houillère, les renseignements les plus intéressants. »

. . . .

« Grâce à ces concours et aux études qu'ils ont permis d'entreprendre, la paléobotanique et l'exploitation des mines sont arrivées à se rendre de mutuels services du plus haut intérêt. »

On voit que, depuis près d'un demi-siècle, la Science et l'Industrie se rendent, à Commentry, de mutuels services également favorables aux deux parties.

Mon action sur les établissements métallurgiques de la Société de Commentry-Fourchambault et Decazeville ne commence qu'avec mon rôle de directeur général, en 1888.

A ce moment les usines de Fourchambault, d'Imphy et de Montluçon, qui ne donnent plus de bénéfices depuis plusieurs années et subissent parfois de lourdes pertes, sont vouées à un arrêt prochain et définitif. L'usine de Decazeville, qui appartient encore à une autre Société, est dans le même cas.

L'introduction de mes méthodes de travail ne tarde pas à produire des résultats favorables.

L'usine de Fourchambault est encore maintenue en activité pendant 14 ans.

L'usine d'Imphy se relève peu à peu et devient le foyer de découvertes qui la placent au premier rang des producteurs d'aciers spéciaux pour organes de machines soumis à de grands efforts (automobile, aviation, outils, etc.).

Aux forges de Decazeville l'acier est substitué au fer et la production annuelle qui était réduite à 10 000 tonnes et sur le point de disparaître, remonte graduellement et atteint 100 000 tonnes en 1917.

L'usine des Hauts Fourneaux de Montluçon peut aussi donner pendant la guerre un précieux concours à la Défense nationale.

A ce résultat participent les savants et les techniciens qui s'appellent : Pourcel, Dumas, Werth, Guillaume, Guillet, Girin, Lévêque, Chevenard, etc. ([1]).

Voici un résumé des études sur les aciers et particulièrement les aciers au nickel effectuées par la Société Commentry-Fourchambault et Decazeville :

([1]) Articles et Ouvrages publiés par des ingénieurs de la Société C. F. D. (en dehors des travaux personnels de M. Henri Fayol) :

M. FAYOL (Paul)—Bobine folle, parachute (*Bulletin de la Société de l'Industrie minérale*, 1879).

M. MARTINET. - Note sur les méthodes d'exploitation et les installations des Mines

Préparation des premiers aciers au nickel. — C'est en 1889 qu'eurent lieu à Imphy les premières tentatives de préparation d'acier au nickel. Reprises en 1894 pour répondre à une demande de l'Atelier de construction de Puteaux, elles aboutirent à la préparation d'un acier de composition spéciale, dénommé à Imphy N.C.4, qui, dans la suite, a été adopté par l'Artillerie pour la réfec-

---

de Commentry (*Ibid.*, 1898, 4ᵉ livraison). — Décroissance de la résistance des câbles de mines en aloès (*Ibid.*, 1902, 1ʳᵉ livraison).

M. JARDEL (Bergeron et Picandet). — Étude géologique du bassin houiller de Decazeville (*Bulletin de la Société géologique de France*, t. XXVIII, 1900).

M. LEMIÈRE. — Formation et recherches comparées des divers combustibles fossiles (étude chimique et batigraphique) (*Bulletin de la Société de l'Industrie minérale* 3ᵉ et 4ᵉ livraisons, 1905).

M. CARLIOZ. — *Étude sur les associations industrielles et commerciales* (Imprimerie Chaix, 1900). — *Les Comptoirs de vente en commun* (Nevers, Mazeron, 1905). — *La spécialisation des usines* (Rapport au Congrès du Génie civil, 1918). — *Étude de l'organisation de la production française d'après-guerre* (Rapport au Comité consultatif des Arts et Manufactures, 1ʳᵉ Section : Sidérurgie; sera publié ultérieurement dans la *Revue de Métallurgie*).

M. GIRIN. — Du choix des aciers à employer pour la fabrication des ressorts et en particulier des ressorts d'automobiles (*Bulletin de la Société de l'Industrie minérale*, 1909, 11ᵉ livraison).

M. LÉVÈQUE. — Attaque des cokes par l'acide carbonique (*Ibid.*, 1906, 2ᵉ livraison). — Historique des forges de Decazeville (*Ibid.*, 1ʳᵉ et 2ᵉ livraisons, 1916 ; médaille d'or de la Société).

M. DUMAS. — Communication à l'Académie des Sciences sur les aciers au nickel (juin 1899). — Recherches sur les aciers au nickel à hautes teneurs (Dunod, éditeur. Extrait des *Annales des Mines*, livraisons d'avril, mai et juin 1902). — Propriétés mécaniques des aciers au nickel magnétique et non magnétique (*Bulletin de la Société de l'Industrie minérale*, 1903, 3ᵉ livraison).

M. CHEVENARD. — Contribution à l'étude des aciers au nickel (*Revue de Métallurgie*, août 1914). — Dilatomètre différentiel enregistreur (*Ibid.*, septembre-octobre 1917). — Communications à l'Académie des Sciences (juin et juillet 1914, 11 et 25 juin 1917, juillet 1917, 14 janvier et 29 avril 1918).

M. SEIGLE. — Relations obligées entre les proportions des différents gaz constituant le gaz de gazogènes ou les fumées. — Variations du carbone dans les fontes de haut fourneau (*Bulletin de la Société de l'Industrie minérale*, 1918).

M. DEBOMBR. — Sur la fabrication des briques de silice aux Aciéries d'Imphy (*Ibid.*, 1918).

tion de son matériel et lui a été livré par Imphy et par d'autres aciéries en quantités considérables.

Les résultats obtenus sur des aciers au nickel à diverses teneurs pendant l'année 1895 attirèrent l'attention de l'Administration de la Marine. M. Abraham, ingénieur de la Marine, alors attaché aux Établissements de Guérigny, vint suivre certains travaux aux Aciéries d'Imphy et a publié dans les *Annales des Mines* de 1898 un exposé détaillé des résultats obtenus antérieurement à l'année 1896.

La collaboration du Bureau international des Poids et Mesures. — En 1895, commença entre la Société Commentry-Fourchambault et Decazeville et le Bureau international des Poids et Mesures une collaboration étroite dans le but d'élucider la théorie des aciers au nickel et de mettre à profit pour des applications météorologiques, géodésiques, etc., les curieuses applications de ces alliages Cette collaboration se continue à l'heure actuelle.

En 1896, M. Ch.-Ed. Guillaume trouva dans un alliage à 30 pour 100 de nickel une dilatabilité inférieure à celle du platine. Ce fut le point de départ de la découverte de l'anomalie remarquable de dilatation présentée par les ferro-nickels au voisinage de leur transformation magnétique réversible, et de la mise au point de nombreux alliages des plus intéressants :

L'*invar*, alliage à 35 ou 36 pour 100 de nickel, qui, convenablement traité, a un coefficient de dilatation sensiblement nul ou même négatif, et dont l'emploi a permis d'assurer à la méthode de mesure des bases géodésiques une grande précision et a conduit les géodésiens à adopter des bases nombreuses et de grandes étendues au lieu des bases courtes et rares de l'ancienne géodésie.

La *platinite*, alliage à 42 à 48 pour 100 de nickel qui possède une dilatabilité égale à celle des verres usuels, et qui sert à la construction des montures d'objectifs ou de niveaux à serrage constant et à la fabrication des lampes à incandescence. Sans elle, on serait obligé aujourd'hui, avec la rareté actuelle du platine, de renoncer à l'éclairage électrique à incandescence.

Les *alliages à balancier* dont la dilatabilité décroît lorsque la température s'élève, contrairement à ce qui se passe pour tous les autres métaux et alliages connus et qui ont permis l'établissement du balancier intégral, imaginé par M. Guillaume, qui annule l'erreur secondaire de marche des chronomètres.

L'anomalie des aciers au nickel s'étend à leurs propriétés élastiques, leurs modules d'élasticité et de torsion passent par un maximum qui pour certains d'entre eux se manifeste à la température ordinaire ; l'application de ces alliages à la *fabrication de spiraux* à moment élastique pratiquement invariable dispense de l'emploi des balanciers compensateurs et a permis l'abaissement du prix des montres de bonne qualité courante.

Collaboration avec les autres laboratoires. — Les Aciéries d'Imphy n'ont cessé, d'autre part, de donner toutes facilités aux recherches des laboratoires qui, parallèlement à elles, cherchaient de nouvelles applications des aciers au nickel. C'est grâce à leur collaboration que M. Guillet, alors aux Établissements de Dion-Bouton, a découvert l'acier de cémentation à 7 pour 100 de nickel qui jouit de l'intéressante propriété de pouvoir être employé sans trempe, tout en présentant les mêmes caractéristiques que les aciers cémentés et trempés ordinaires.

Études théoriques sur les aciers au nickel effectuées à Imphy. — M. Dumas, chef du Service métallurgique de la Société Commentry-Fourchambault et Decazeville, eut le mérite de mettre en évidence (Communication à l'Académie des Sciences de juin 1899) la possibilité de la superposition dans le même alliage des transformations réversibles et irréversibles et par suite l'origine différente de ces deux transformations.

M. Dumas a publié en 1902 une première étude d'ensemble sur les aciers au nickel en s'inspirant des théories d'Osmond, des travaux de M. Ch.-Ed. Guillaume et des siens propres.

En août 1914, M. Chevenard, chef du laboratoire d'Imphy, a apporté dans la *Revue de Métallurgie* une importante « contribution à l'étude des aciers au nickel » (précédée par deux Communications à l'Académie des Sciences), dans laquelle il a fait, en

F.   3

particulier, ressortir la relation entre l'intensité de l'anomalie et la combinaison Fe^3Ni dont l'existence devient ainsi très probable. Dans un Mémoire plus récent (dilatomètre différentiel enregistreur), M. Chevenard a montré la généralité dans les aciers de la relation entre les anomalies de dilatation et la disparition du ferro-magnétisme, et mis en évidence l'anomalie de dilatation présentée par la cémentite. Une Note plus récente à l'Académie des Sciences (14 janvier 1918) a montré de même l'anomalie du module d'élasticité présentée par ce carbure de fer.

Le laboratoire d'Imphy. — Ces résultats n'ont pu être obtenus que par suite de l'importance de plus en plus grande attachée par la Société Commentry-Fourchambault et Decazeville sous l'administration de M. Fayol et la direction de M. Piélin, aux études scientifiques poursuivies par ses ingénieurs et spécialement, en ce qui concerne la métallurgie, aux études sur les aciers qui sont la spécialité du laboratoire d'Imphy.

Ce dernier s'est développé d'une manière particulièrement heureuse depuis 1911, époque à laquelle la direction en fut remise à M. Chevenard. De nombreux appareils et même de nouvelles méthodes de mesures y ont été créés : appareils pour mesurer les modules d'élasticité de torsion, magnétomètre enregistreur, dilatomètres, etc. Un premier dilatomètre décrit dans la *Revue de Métallurgie* en 1914, a permis d'étendre aux températures très élevées et très basses les mesures de dilatation faites sur les aciers au nickel par M. Guillaume aux températures ordinaires. Un appareil différentiel enregistreur, breveté, décrit dans la *Revue de Métallurgie* de septembre-octobre 1917 donne plus de commodité et une précision non encore obtenue industriellement aux mesures de dilatation. Le principe de ce dilatomètre a été appliqué à un appareil permettant de suivre les effets dilatométriques de la trempe des fils. Les premières conclusions des expériences faites avec cet appareil ont fait l'objet d'une Note sur le « mécanisme de la trempe des aciers au carbone » présentée à l'Académie des Sciences le 9 juillet 1917. A la suite de cette Communication, M. Le Chatelier a déclaré que « des difficultés qui semblaient à première vue insurmontables » avaient été levées et une « précision extrême » obtenue dans l'emploi des changements de longueur pour caractériser les transformations du fer. Poursuivant ses études sur le dédoublement des points de transformation des aciers et le rejet à basse température par la trempe de cette transformation, M. Chevenard est parvenu plus récemment à déterminer d'une façon précise les vitesses de refroidissement nécessaires pour réaliser la trempe des aciers au carbone (*Comptes rendus de l'Académie des Sciences* du 29 avril 1918).

Les résultats industriels. — Aucune de ces études n'a été faite sans souci des applications industrielles qui en pouvaient résulter. Mais le fait qu'elles ont été dirigées par la volonté d'établir scientifiquement, sans s'astreindre nécessairement à la recherche d'applications déterminées à l'avance, les propriétés physico-chimiques des aciers et les variations de ces propriétés avec la température et avec la teneur de chaque élément a permis la mise au point de nombreux alliages doués de propriétés parfois imprévues et souvent précieuses. En dehors de ceux qui ont été le fruit de la collaboration du Bureau international des Poids et Mesures et que nous avons déjà mentionnés plus haut, nous pouvons citer, entre autres, les alliages suivants dont plusieurs sont brevetés ou vont l'être :

L'alliage A.M.F. conservant une haute résistance mécanique et dépourvu de fragilité aux plus basses températures industriellement réalisables, mis au point avec la collaboration de M. Guillaume et sur la demande de la Société de l'Air liquide ;

Des alliages conservant de bonnes propriétés mécaniques aux hautes températures, ou résistant à l'action des gaz et de la vapeur ou à la corrosion par les acides ;

Des alliages à résistivité élevée, d'autres pouvant être utilisés pour la construction des couples thermo-électriques, etc.

On voit combien la collaboration de la Science et de l'Industrie dans la Société de Commentry-Fourchambault et Decazeville a été fertile en résultats.

Cette collaboration s'est réalisée de deux manières différentes :

1º Par la réunion, dans les agents de la Société, des connaissances scientifiques et des connaissances pratiques nécessaires ;

2º Par l'intervention de savants étrangers.

Le premier mode qui atteint très élégamment et très simplement le but, ne peut pas être considéré comme une solution générale du problème, parce qu'il est très difficile de trouver des agents qui soient à la fois savants et techniciens.

Pour obtenir sûrement la collaboration de la Science et de l'Industrie, il faut faire systématiquement appel aux savants. Il faut donc que le chef de l'entreprise sache préparer et coordonner l'action de personnalités fort différentes ; il faut qu'il soit bon *administrateur*. Et ce n'est pas la tâche la moins difficile du chef d'entreprise que de conjuguer les efforts des savants et des praticiens. Il y a de nombreux obstacles à surmonter : je l'ai montré dans mon Ouvrage sur l'*Administration industrielle et générale*; mais, en même temps, j'ai proclamé l'indispensable nécessité pour l'industriel d'organiser et de réussir la collaboration de la Science avec le monde des affaires.

Cette idée pleine de promesses et qui vient maintenant à l'honneur m'est chère depuis bien longtemps et je puis dire que, sur ce point, ma Société a donné l'exemple.

NOTICE

TRAVAUX SCIENTIFIQUES

ET TECHNIQUES

DE

M. Henri FAYOL.

ÉTUDES SUR L'ALTÉRATION ET LA COMBUSTION SPONTANÉE DE LA HOUILLE EXPOSÉE A L'AIR.

Bulletin de la Société de l'Industrie minérale (Compte rendu du Congrès de Paris, tenu du 15 au 20 juillet 1878, à l'occasion de l'Exposition Universelle).

J'ai dit dans mes *États de services* comment j'avais été amené à m'occuper des feux de mines pendant toute la durée de ma carrière, c'est-à-dire pendant 58 ans : d'abord comme ingénieur d'une division des Houillères de Commentry, puis comme directeur de ces mines et de celles de Montvicq, ensuite comme directeur général de la Société de Commentry-Fourchambault et Decazeville.

La théorie que j'ai exposée dans mes Études sur l'altération et la combustion spontanée de la houille, les procédés que j'ai indiqués pour combattre les feux et les moyens que j'ai recommandés pour les prévenir, sont devenus classiques. Encore aujourd'hui, malgré les progrès réalisés, il n'est pas de meilleur guide pour l'ingénieur ayant à se défendre contre les incendies souterrains ([1]).

([1]) Témoin le Mémoire récent de M. Plassard sur « L'embouage aux Houillères de Saint-Éloy » (*Bulletin de la Société de l'Industrie minérale*, 1917).

J'avais consacré quelques pages à la combustion spontanée des charbons à bord des navires. Mes conseils furent pris, comme on va le voir, en très sérieuse considération par la Marine anglaise.

Les cargaisons de charbon sont sur les navires dans des conditions analogues aux emmagasinements faits sur le sol et à certains éboulements souterrains ; elles sont aussi sujettes à des combustions spontanées dont les conséquences sont parfois terribles.

La statistique a établi que sur 31 116 chargements de charbon faits en Angleterre, en 1874, il y a eu 70 sinistres qu'on peut attribuer à la combustion spontanée.

Parmi ces chargements : 26 631 destinés à des ports européens n'ont eu que 10 cas de combustion ; 4485 en destination de l'Asie, de l'Afrique et de l'Amérique en ont eu 60.

Sur cinq navires à grand tonnage, en destination de San-Francisco, deux ont brûlé.

J'avais examiné les conclusions de l'enquête faite par la Commission royale anglaise et indiqué les moyens de préserver les navires de la combustion spontanée.

Deux enquêtes ont été faites depuis par la Commission royale qui a son siège à Sydney (Nouvelle-Galles du Sud) de 1896 à 1900.

M. Richard Threlfall qui a été en rapport avec ces deux Commissions et avec la Section maritime du Ministère du Commerce et qui a été chargé de la rédaction technique du *Journal de la Société de l'Industrie chimique*, expose comme suit les résultats de ces enquêtes :

La combustion spontanée du charbon
particulièrement pendant l'expédition par bateaux (¹),

Par M. Richard THRELFALL.

Les publications sur la combustion spontanée du charbon sont très nombreuses et je n'ai d'autre prétention que de présenter quelques-uns des résultats signalés par les principaux investigateurs sur le sujet....

Le problème de la combustion spontanée est, dans ses grandes lignes, une question de physique et de chimie....

Les observations qui ont été faites en grand sur les incendies de mines, sur les tas de charbon, sur les bateaux chargés de houille, viendront apporter un commentaire intéressant aux conclusions qu'on peut tirer en se tenant sur le terrain purement scientifique....

Une première série de recherches a été faite par Richter, en laboratoire, sur de petites quantités de charbon....

La seconde étude classique, concernant la combustion spontanée du charbon, est intitulée *Études sur l'altération et la combustion spontanée de la houille exposée à l'air*, par H. Fayol, ingénieur, directeur des Houillères de Commentry et de Montvicq. Elle a été publiée dans le *Bulletin de la Société de l'Industrie minérale*, 2e série, vol. VIII, 3e Partie, 1879 (Dunod, quai des Grands-Augustins, 49, Paris).

L'exemplaire de cet Ouvrage qui m'a été aimablement envoyé par M. Fayol en 1899, forme un volume de 260 pages, et *c'est certainement le plus bel exemple de publication de recherches techniques dont j'ai connaissance. Elle devrait être lue par chaque étudiant afin qu'il puisse apprendre combien peut être profitable un sujet de recherches lorsqu'il est entrepris dans un esprit critique et scientifique.*

La Houillère de Commentry produit du charbon à longue flamme, qui est très employé pour la fabrication du gaz. La cassure est rhomboédrique, sa cendre varie de 0,5 à 15 pour 100 avec une moyenne de 7 pour 100

(¹) Extrait du Rapport présenté au Parlement de la Nouvelle-Galles du Sud par la Commission royale chargée d'étudier les dangers d'incendie des navires transportant du charbon, le 13 mai 1897 (*Journal de la Société de l'Industrie chimique*, volume XXVIII, 31 juillet 1909, n° 14). Réunion tenue à l'Université de Birmingham le jeudi 1er avril 1909 sous la présidence de M. Harry Silvester.

environ. De petits échantillons contiennent des quantités très variables
de cendre en leurs différentes parties. Les autres impuretés sont de l'argile,
du gypse et des pyrites répandus dans la masse. La moyenne des pyrites
est de 1 pour 100, mais certains échantillons peuvent en contenir jusqu'à
5 pour 100. Le menu avant lavage contient 13 pour 100 de cendres, réduites
à 7 pour 100 après lavage. Ce charbon lavé donne 62 à 63 pour 100 de coke
dur et brillant, qui est employé dans les hauts fourneaux.

Le dispositif des fours à coke permit à M. Fayol d'exposer de grandes
quantités de charbon à différentes températures pendant de longues
périodes. En outre, du charbon de Commentry, d'autres sortes de charbon
de diverses provenances, allant de l'anthracite au lignite, furent examinées.

Les phénomènes observés en fonction du temps et à des températures
comprises entre 25° à 500° sont : les variations de poids ; le pouvoir de
conversion en coke ; la quantité et le pouvoir éclairant du gaz.

. . . .

Fayol tire de ses expériences cette conclusion que la condition nécessaire et suffisante pour préserver les tas de charbon contre l'altération
est de les conserver à l'abri de l'action de l'air. Ceci peut être obtenu soit
en les disposant dans des réservoirs étanches, soit en les emmagasinant
dans l'eau. Un autre moyen consiste à ne donner aux tas de menu qu'une
faible épaisseur. A Commentry, il est possible de conserver le menu en
tas de 2ᵐ d'épaisseur sans crainte de feu.

Ayant ainsi établi les principes, Fayol procéda alors à l'examen des
phénomènes des combustions spontanées dans tous leurs détails, soit en
recherchant les conditions dans lesquelles elles surviennent dans les tas
de charbon exposés à l'air, soit par des expériences sur des quantités
considérables de charbon exposées à une série de températures graduées....

Il y a une relation directe entre l'échauffement et la hauteur et le
volume du tas dans lequel le phénomène se produit. Si le tas est petit,
la température s'élève jusqu'à un certain point, après quoi elle devient
stationnaire, puis elle s'abaisse de nouveau. Il n'y a pas eu de cas d'incendies spontanés dans des tas de moins de 2ᵐ. Lorsque la hauteur dépasse 4ᵐ,
la combustion spontanée a toujours lieu.

La Commission de la Nouvelle-Galles du Sud vérifia pour son compte
personnel une expérience similaire ayant trait à l'influence de l'épaisseur
du tas. L'ingénieur de la Compagnie australienne du Gaz d'éclairage
de Sydney (Nouvelle-Galles du Sud) appela l'attention de la Commission
sur les observations qui avaient été faites sur deux tas de charbon en

Marche de la température dans les tas de charbon menu exposés aux influences atmosphériques.

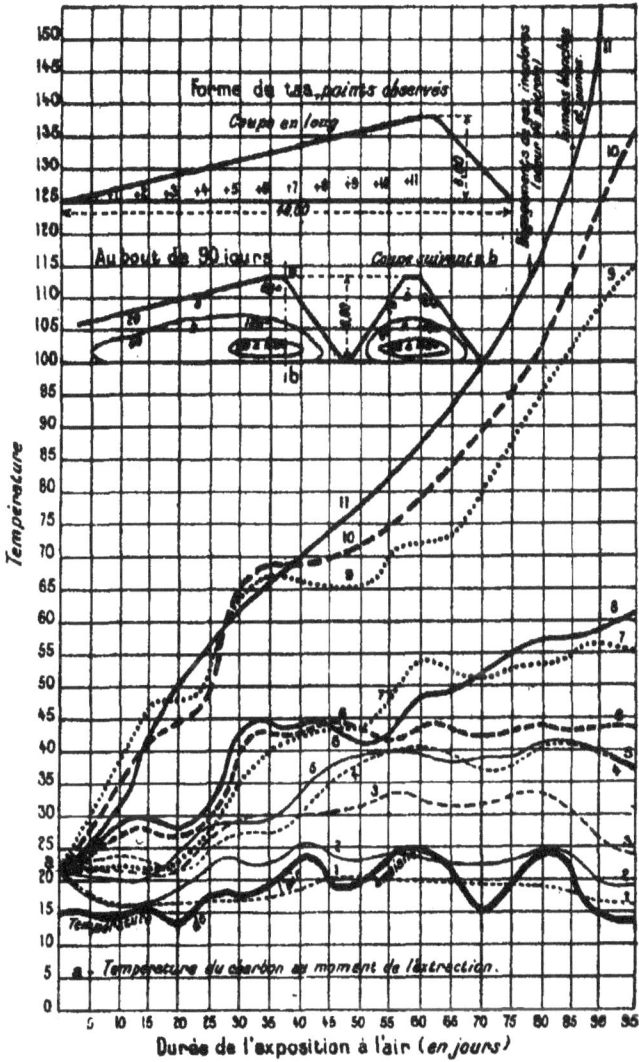

stock à sa Compagnie : l'un ayant 14 pieds 6 pouces d'épaisseur, l'autre ayant 20 pieds d'épaisseur. Le charbon des deux tas étant exactement de même qualité : le tas de 14 pieds 6 pouces ne s'enflamma pas, mais celui de 20 pieds était toujours chaud et prenait feu généralement sur un ou plusieurs points.

Fayol a étudié expérimentalement des tas de menu de Commentry de la façon la plus rigoureuse. *Une des expériences est si parfaite et si concluante que nous pouvons, avec profit, la considérer avec plus amples détails :*

Un tas de menu récemment extrait, ayant 40m de longueur et dont la hauteur commençant à zéro s'élevait régulièrement jusqu'à 6m, la largeur en haut était de 1m, celle de la base, résultant de l'inclinaison des talus, était proportionnelle à la hauteur.

La température fut prise en différents points du tas, chaque jour pendant 90 jours. Les résultats sont indiqués sur le diagramme ci-contre (copié sur l'Ouvrage de Fayol).

Les conclusions de Fayol sont :

1o Que sous une faible épaisseur le charbon ne s'échauffe pas ;

2o Que l'échauffement s'accroît avec la hauteur du tas ;

3o Que vers la hauteur de 3m la température s'élève progressivement et s'abaisse sans avoir dépassé 60o à 70o ;

4o Que vers la hauteur de 4m, la température continue à s'élever. On voit généralement apparaître dans le courant du troisième mois des dégagements de vapeur d'eau ; puis survient un gaz incolore et très odorant rappelant le pétrole, et, quelques jours après, les fumées se montrent sur un point, à mi-hauteur de la partie la plus haute du tas.

À ce moment, une coupe du tas présente trois zones :

Une zone inférieure centrale dont la température est comprise entre 120o à 150o ; une deuxième zone qui entoure la précédente, beaucoup moins chaude ; troisièmement, enfin, la zone extérieure, qui est à peu près à la température atmosphérique.

Si, en ouvrant le tas, on expose à l'air le saumon de la première zone, il se produit un abondant dégagement de fumées blanches et jaunâtres ; la température s'élève rapidement à 200o, 250o et 300o et l'ignition se manifeste.

Quelle que fût l'origine du charbon dans la mine, quelle que fût sa teneur en cendres et la nature de ces cendres, le charbon mis en tas à l'air libre a subi les mêmes transformations thermiques qui suivirent une loi sensiblement constante. Les influences atmosphériques (la chaleur ou le froid, la sécheresse ou l'humidité) n'avaient aucune influence sur la suite des événements ou une influence trop petite pour être observée. Les mêmes remarques étaient applicables aux impuretés du charbon.

Une autre expérience particulièrement instructive de M. Fayol fut la suivante :

On fit dans l'air, avec du charbon préalablement porté à une température d'environ 100°, un tas conique de 2^m à 3^m. Ce tas fut aussitôt couvert d'une cloche, ayant 2^m,15 de diamètre et 1^m,20 de hauteur, reposant sur un conduit annulaire plein d'eau. La cloche enveloppait hermétiquement le tas de charbon ; mais elle portait sur son pourtour deux rangées de trous, l'une en bas, l'autre en haut, qui permettaient d'établir à volonté un courant d'air intérieur.

Le résultat de cette expérience fut le suivant :

1° Si la cloche est fermée, le charbon se refroidit progressivement jusqu'à la température ambiante ;

2° Si l'on ouvre quelques trous en bas et en haut, la température s'élève et l'on arrive à la combustion spontanée ;

3° En alternant les ouvertures et les fermetures des trous d'aération on peut faire monter et descendre la température.

En réglant convenablement les trous d'aération, il est très facile de faire prendre feu au charbon.

En ce qui concerne les dimensions des particules de houille, le résultat est si important qu'il vaut mieux reproduire les paroles mêmes de M. Fayol : « Ces expériences réussissent facilement avec du charbon en grains *dépouillé de poussières*, assez facilement avec du *gros*, plus difficilement avec du *menu ordinaire*. Dans cette dernière sorte, la poussière qui remplit les interstices compris entre les morceaux s'oppose à la pénétration de l'air dans la masse. »

Finalement, Fayol fit des expériences semblables sur divers combustibles, sous de faibles volumes et sous divers états de division, exposés à l'action de l'air chaud à des températures de 75°, 100°, 150° et 400°.

Les conclusions de ces expériences sont les suivantes :

1° Par ordre d'inflammabilité dans l'air chaud, les diverses sortes de houille peuvent être classées comme suit : *lignite, houille à gaz, houille à coke* et *anthracite*.

2º La combustion spontanée a lieu d'autant plus facilement et plus rapidement que la température est plus élevée :

A 400º tous les combustibles s'enflamment, les lignites instantanément, les anthracites au bout de 30 à 40 minutes ;

A 200º les anthracites ne prennent feu qu'à l'état pulvérulent ; la houille grasse ne s'enflamme que dans les grands vases ;

A 150º le lignite en poussière est le seul combustible qui prit feu dans ces expériences ;

A 100º le lignite seul s'enflamme en poussière grossière, les houilles flambantes ne prennent feu qu'en poussière impalpable ;

A 75º il n'y a pas de feu.

3º L'état de division de la houille favorise beaucoup la combustion spontanée.

En ce qui concerne la température à laquelle le charbon s'enflamme, les résultats approximatifs furent les suivants :

Pour le lignite, environ........................... 150º
Pour la houille à gaz............................. 200
Pour la houille à coke........................... 250
Pour l'anthracite, au-dessus de................. 300

On ne doit pas ajouter une trop grande importance à l'exactitude de ces observations parce que de petites différences dans la conduite entraînent des variations dans les résultats.

De façon à étudier les progrès de l'élévation de température sur du charbon préalablement chauffé, on fit l'expérience suivante :

Du menu fut chauffé jusqu'à une température comprise entre 100º et 140º. Ce charbon fut ensuite exposé à l'air, sous un toit, en tas de 1^m à 1^m,50 de hauteur, ayant la forme d'un tronc de pyramide et un volume d'environ 4^{m1}.

Les conclusions de cette expérience furent :

1º Que si le tas est fait en plein air avec du charbon préalablement porté à une température un peu supérieure à 100º, le feu se montre généralement au bout de quelques jours ;

2º Que lorsque la température initiale est comprise entre 60º et 100º, il y a tantôt accroissement de chaleur, tantôt refroidissement;

3º Qu'au-dessous de 60º, il y a toujours refroidissement jusqu'à la température ambiante.

Des expériences sur l'influence de l'humidité sur la combustion spontanée furent également faites. Fayol les résume comme suit :

L'influence des temps humides sur le charbon entassé à la surface n'a pas été assez sensible pour être remarqué.

D'un autre côté, il n'y a aucun doute qu'une opinion a cours parmi les gens habitués à manier du charbon, sur l'effet qu'aurait l'humidité d'accroître la tendance à la combustion spontanée.

Dans une lettre à la Commission anglaise, en 1876, M. Poole, inspecteur des Mines, Nova Scotia, fait la remarque suivante :

Une élévation de température a été observée dans le menu qui avait été mis en tas, dès l'été, à l'usage des locomotives en hiver ; cette élévation avait lieu dans la saison pluvieuse et non pas en saison sèche.

Cette conclusion est directement et absolument en opposition avec l'expérience de Fayol et un bon nombre de conclusions semblables furent présentées à la Commission anglaise : sur 26 réponses au sujet de l'effet produit par l'humidité, toutes affirment que l'humidité est une source de danger.

L'examen de ces conclusions montre que dans chaque cas la réponse était l'effet d'une simple impression. L'interrogation d'un certain nombre de témoins devant la « New South Wales Commission » qui soutint cette opinion, me convainquit qu'elle était généralement soutenue sans grand fondement et deux cas dans lesquels la pluie avait apparemment augmenté la tendance du charbon à s'échauffer furent expliqués par de tout autres causes. Néanmoins, si le charbon contient des pyrites en quantité quelconque, cette substance sera décomposée par l'air et l'humidité dans des circonstances telles qu'elle ne le serait pas par chaque agent isolé. Dès lors que les produits de décomposition des pyrites tendent à cristalliser et occupent en général un plus grand volume que les pyrites elles-mêmes, il est clair que les agents atmosphériques agissant sur les pyrites peuvent avoir une influence indirecte tendant à favoriser la combustion spontanée, en occasionnant la rupture du charbon en petits fragments qui, comme nous l'avons vu, s'échauffent plus que les gros.

Fayol a fait des expériences à ce sujet sur des tas de charbon de 2^{m^3} à 12^{m^3}, en les plaçant sous un abri et en arrosant certains tas, tandis qu'il gardait les autres au sec. En aucun cas l'élévation de la température n'a atteint 60º C.

Ces expériences laissent beaucoup à désirer :

1° Parce qu'elles portent sur une seule catégorie de charbon, de faible teneur en pyrites ;

2° Du fait que la température du tas ne s'est jamais élevée au-dessus de 60° C., il est impossible de dire si elles étaient voisines du point critique dont il est question ci-dessus ;

3° D'ailleurs Fayol a soin de se garder de toute généralisation du résultat obtenu.

. . . .

Après une analyse superficielle des conditions qui président au chargement et transport du charbon, on pourrait croire que certains cargos prennent feu et d'autres pas, par caprice, et ceci, en effet, était la grande difficulté du début de l'enquête.

Il n'y avait d'abord aucune clef du mystère en vertu duquel certains cargos prenaient feu, tandis que d'autres chargés et transportés dans des conditions identiques restaient saufs.

Grâce à Fayol il devient possible de comprendre comment une faible différence, existant entre les conditions identiques indiquées, suffit à expliquer pourquoi certains cargos prennent feu et que d'autres y échappent.

La combustion spontanée de la houille n'a pas cessé d'être un danger pour les navires charbonniers, et les ingénieurs de la Marine anglaise n'ont pas cessé de rechercher les moyens d'empêcher cette combustion ou d'en atténuer les effets.

Le compte rendu suivant montre que, en cette matière, l'opinion actuelle des ingénieurs anglais est entièrement faite des idées que j'ai exposées en 1878. Il n'est pas sans intérêt de remarquer qu'à cette époque je n'avais pas mis les pieds sur un navire charbonnier. C'est un bel hommage rendu à la *méthode expérimentale.*

La combustion spontanée de la houille.

(Extrait de *The Iron and Coal trades Review* du 31 janvier 1913.)

A la réunion du 20 janvier de l'Institut des Ingénieurs de Marine, à Stratford, il a été donné lecture par M. James E. Milton d'un Mémoire sur *La combustion spontanée de la Houille*.

M. Alexandre Boyle (vice-président) présidait.

Dans le cours de son Mémoire, qui traite le sujet à fond, M. Milton détaille les résultats des recherches et investigations faites par le Dr Richters, M. *Henri Fayol*, M. Barrow, le professeur Vivian B. Lewes, la Commission royale anglaise de 1876 et la Commission royale désignée par les Nouvelles-Galles du Sud en 1897.

Parmi d'autres conclusions, dérivant des considérations de ses investigations, l'auteur dit qu'il paraît que toutes les catégories de charbons, bitumineux ou anthracites, absorbent l'oxygène à un degré plus ou moins grand. Cette absorption s'accompagne par le développement de la chaleur, l'action en serait progressive si la chaleur n'était pas distraite aussi vite qu'elle est produite. Toutes les catégories de houilles seraient par conséquent sujettes, dans des conditions favorables, à l'ignition spontanée.

Ces conditions dépendraient de l'alimentation en air, de la température environnante, du genre et de la grosseur de la houille. La ventilation vraiment complète d'une cargaison de houille est impraticable, et la ventilation de la surface, augmentée fréquemment de l'ouverture des écoutilles, par beau temps, pourrait aider à la génération spontanée de la chaleur en entretenant un lent courant d'oxygène à travers la masse de houille. Les efforts doivent être dirigés du côté de la réduction, au minimum, de l'air entrant dans les cales.

Les soutes aux charbons exigent différentes conditions lorsqu'elles forment une cargaison. Les gaz inflammables se dégagent des charbons quand ils sont fraîchement extraits ou brisés et lorsqu'ils sont mélangés à l'air dans de certaines proportions, ils deviennent explosibles, nécessitant une large ventilation dans les soutes, surtout avant d'y entrer avec une lampe à feu nu, et pendant toute la durée de leur manutention. Une élévation de la température du charbon augmente la quantité de gaz dégagée et un gros charbon sera moins sujet à l'échauffement qu'un charbon menu. Les glissières alimentant les soutes doivent être arrangées de manière que le charbon menu ne puisse pas s'accumuler dans une partie des soutes pour laquelle on puisse s'attendre à une température supérieure à la normale. Aux endroits où l'on pourrait s'attendre à des températures élevées, un complet mouillage du charbon aiderait à la prévention du danger de l'ignition spontanée. Les anguillers des soutes exigent que l'on s'assure avec une attention spéciale qu'ils sont étanches.

En ouvrant la discussion qui s'ensuivit, M. J. Shanks commente la valeur du Mémoire en regard du peu d'informations, dignes de confiance sur le sujet, profitables dès à présent.

Il y avait, dit-il, une impression générale que la présence de l'humidité dans le charbon était favorable à la combustion spontanée, opinion soutenue par la Commission royale de 1876, mais elle a été prouvée non fondée. Il considère que les cales pourraient être hermétiquement fermées et un gaz inerte injecté comme préventif. Il serait évident qu'une des causes probables de la combustion spontanée serait le cassage de la houille sous les écoutilles pendant l'embarquement.

Il cite des exemples où une tendance à la combustion spontanée avait été arrêtée par l'isolement des cloisons situées à proximité des chaudières.

M. R. Balfour considère que la vérité sur la matière est contenue dans les résultats des expériences de M. Fayol; lequel a prouvé que la cause première essentielle de l'échauffement et de la combustion spontanés de la houille était l'absorption par la houille de l'oxygène de l'air et que les conditions les plus favorables à l'échauffement de la houille étaient le mélange de blocs et de poussières, une température élevée, une grande masse et une certaine quantité d'air.

Il fait allusion aux avaries faites aux plafonds et écoutilles, qui contribuent pour un certain degré à l'entrée de l'oxygène et il appuie sur la nécessité de s'assurer que les anguillers sont parfaitement étanches.

M. G. Shearer dit qu'il a trouvé aussi avantage à mouiller le charbon lors de la mise en soutes. Il a constaté maintes fois que les soutes se trouvaient généralement près des chaudières, où la tendance à la combustion spontanée est la plus grande.

M. W. Mac Laren considère que la ventilation de la surface et une certaine température ont un effet décisif sur la combustion spontanée. Il ne serait pas d'avis que la pratique du mouillage de la houille soit bonne.

M. J.-T. Milton montre que M. Fayol, parmi d'autres choses, a désapprouvé la théorie du Dr Richters, énonçant que la quantité d'oxygène absorbée est proportionnelle à la quantité d'hydrogène contenue dans la houille, en montrant que l'anthracite, qui pratiquement n'a pas d'hydrogène, absorbe une quantité considérable d'oxygène. M. Fayol a montré également que toutes les catégories de houilles étaient susceptibles d'ignition spontanée. Beaucoup de personnes étaient encore sous l'impression que le charbon mouillé était dangereux, ce qui n'était pas.

Les houillères et les cargaisons des navires ne sont pas les seules accumulations de charbon exposées aux incendies spontanés. Partout où la houille, surtout la houille à longue flamme, est entassée en masses un peu considérables, on doit craindre l'échauffement et le feu.

Les usines à gaz et les usines métallurgiques où se trouvent souvent de forts stocks de charbon se préservent de l'échauffement suivant mes prescriptions en réduisant l'épaisseur des tas ou en les immergeant.

Je terminerai cette revue des services mutuels que se rendent la Science et l'Industrie par l'application qui fut faite de mes études à Courrières, lors de la grande catastrophe de 1906.

La France entière était depuis quelques jours dans l'anxiété sur les suites de cet épouvantable accident quand je reçus, à Paris, le télégramme suivant :

« Monsieur l'Inspecteur général des Mines Delafond et moi, nous vous prions de venir nous donner vos conseils le plus tôt possible. »

Signé : LAVAUR, directeur des Mines de Courrières.

Je pris le premier train partant pour Courrières où j'arrivai le soir vers 9ʰ.

Après avoir bien examiné la situation et fait une enquête à laquelle assistaient les ingénieurs de la houillère et les ingénieurs de l'État, je conseillai, comme moyen de reprendre possession de la mine, un programme qui fut accepté et mis immédiatement à exécution.

F.   5

APPAREILS RESPIRATOIRES.

Rapport fait au nom de la Commission du district du centre de la Société de l'Industrie minérale sur les expériences faites à Commentry avec l'appareil Fayol,

Par H. de PLACE,
Ingénieur, directeur des Mines de Saint-Éloi, rapporteur.

Dans la séance du District du Centre de la *Société de l'Industrie miné-rale*, tenue à Montluçon, le 19 janvier 1873, une Commission avait été nommée pour examiner les nouveaux appareils proposés par M. Fayol, pour pénétrer dans les milieux irrespirables.

Elle se composait de MM. Baure, ingénieur-directeur des houillères de Bézenet, Doyet, etc.; Faugière, garde-mines principal à Montluçon; Vignancour, ingénieur-directeur de la houillère de Chamblet; Bravard, ingénieur-directeur de la houillère de La Souche; Gailliard, ingénieur aux mines de Bézenet; De Place, ingénieur-directeur des houillères de Saint-Éloi.

La Commission a été convoquée le 7 avril aux houillères de Commentry et il a été procédé aux expériences avec les nouveaux appareils, d'abord, dans une atmosphère préparée artificiellement pour la circonstance, puis dans l'eau.

On a désigné comme rapporteur de la Commission M. de Place, qui avait essayé précédemment les appareils Galibert et qui venait de faire, aux mines de Saint-Éloy, des expériences dans l'eau et dans les gaz, au moyen des appareils plongeurs et des aérophores Rouquayrol-Denay-rouse.

Les appareils respiratoires comprennent : le tube simple, le réservoir portatif et l'appareil mixte à courant continu.

Le tube simple de $0^m,02$ est en caoutchouc capable de résister à l'apla-tissement et permet à un homme d'aller et de travailler à une distance de 100^m dans le mauvais air.

Le réservoir portatif est en toile imperméable et renfermé de l'air à la pression atmosphérique. Il a la forme d'un soufflet et se place sur le dos comme un sac de soldat. Il pèse 8^{kg}, son volume est de 180 litres; il peut alimenter un homme et sa lampe pendant 12 à 15 minutes.

Fig 1 - 1er Cas
Le milieu délétère est éclairé
Ouvrier muni du simple tube respiratoire.

Fig 2 - 2me Cas
Le milieu délétère est obscur
Ouvrier muni du réservoir portatif de la lampe

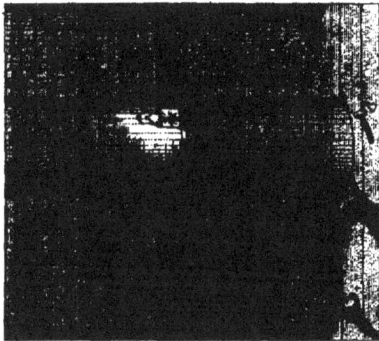

Fig 3
Réparation d'une pompe submergée

Fig 4
Réparation du guidage dans un puisard

Fig 5
Construction d'un barrage dans une galerie envahie par les gaz

A Pompe à air
B Manomètre

C D E Conduits d'air
F Distributeur

O Surveillant allant vérifier le travail

H Rouleur revenant à l'air pur

Maçons circulant un barrage

34-35

L'appareil mixte se compose d'une pompe à air, de tubes en caoutchouc et de réservoirs portatifs.

Expériences dans les gaz délétères. — Les expériences ont été faites dans des galeries remplies de fumées et de gaz asphyxiants.

Expériences dans l'eau. — Les expériences ont été faites dans un petit puits ayant 6^m de hauteur d'eau....

Pendant qu'ils étaient au fond de l'eau, les plongeurs ont scié des bois boulonné puis déboulonné des tronçons de tuyaux en fonte.

En résumé, toutes ces expériences nous ont démontré que les appareils essayés devant la Commission offraient une grande supériorité, à tous les points de vue : simplicité, sécurité, économie, sur tous les appareils antérieurs.

On a objecté que pour se servir d'appareils de ce genre, soit pour la plonge, soit pour le mauvais air, il serait indispensable d'avoir des ouvriers spéciaux et souvent exercés. Tout en reconnaissant ce qu'il y a de fondé dans cette objection, nous ne croyons pas qu'il en soit complètement ainsi. Les expériences du 7 avril ont prouvé qu'on pouvait s'habituer assez vite aux appareils respiratoires et nous croyons que tout individu qui aura su une bonne fois se servir des respirateurs, ne l'oubliera pas plus qu'un nageur, par exemple, n'oubliera l'art de la natation, pour être resté même pendant plusieurs années sans se livrer à cet exercice.

En terminant cette longue Note, le rapporteur de la Commission croit être l'interprète de ses collègues en adressant à M. Fayol les félicitations que méritent ses appareils et en leur souhaitant un légitime succès.

Saint-Éloi, 13 septembre 1873.

NOTE SUR LES MOUVEMENTS DE TERRAIN
PROVOQUÉS PAR L'EXPLOITATION DES MINES.

(*Bulletin de la Société de l'Industrie minérale*, 1885.)

Extrait de la Préface.

Les opinions les plus contradictoires ont été émises sur les mouvements de terrain provoqués par l'exploitation des mines ; on
n'est d'accord, ni sur l'amplitude, ni sur la position, ni sur la
direction de ces mouvements ; on ne s'entend pas davantage sur
l'influence des remblais.

On a dit, par exemple :

Sur l'extension des mouvements en hauteur. — 1º Les mouvements
se transmettent jusqu'à la surface du sol, quelle que soit la profondeur des excavations ;

2º La surface est à l'abri de tout mouvement lorsque l'exploitation est à une certaine profondeur.

Sur l'amplitude des mouvements. — 1º L'affaissement se propage
sans affaiblissement sensible jusqu'à la surface ;

2º Le mouvement s'atténue de plus en plus à mesure qu'on s'élève
au-dessus de l'excavation.

Sur la position relative de l'affaissement du sol et de l'excavation.
— 1º A la surface l'affaissement se trouve toujours verticalement
au-dessus de l'excavation;

2º L'affaissement du sol est limité par des lignes partant du
périmètre de l'excavation et perpendiculaires aux couches (Règle
de la normale);

3º La surface affaissée ne se raccorde avec l'excavation ni par
des verticales ni par des normales aux couches, mais par des lignes
faisant avec l'horizon un angle de 45º, ou l'angle du talus naturel
des terres, ou tel autre angle.

Sur l'influence du remblayage. — 1º Les remblais sont un moyen efficace de protection de la surface ;

2º Les remblais ont seulement pour effet de diminuer les affaissements ;

3º Les dégradations du sol sont beaucoup plus grandes lorsque l'on remblaie que lorsque l'on ne remblaie pas.

. . . .

On voit que la divergence est complète.

Ces contradictions sont cependant plus apparentes que réelles ; elles tiennent à ce que l'on a généralisé des faits qui ne sont que des cas particuliers de la règle suivante :

Les mouvements de terrain sont limités par une sorte de dôme qui a pour base la surface exploitée; leur amplitude diminue à mesure qu'on s'éloigne du centre de l'excavation.

Telle est la conclusion à laquelle m'ont conduit de longues observations et que de nombreuses expériences ont confirmée.

La règle de la *normale* formulée d'abord par Gonot (ingénieur en chef du Gouvernement belge), admise par un certain nombre d'ingénieurs, contestée par beaucoup, avait été affirmée par Callon qui la croyait « parfaitement justifiée par les faits sainement interprétés ». En réalité elle est au contraire généralement en contradiction avec les faits.

Le Bulletin hebdomadaire du *Mémorial de la Loire*, disait le 3 septembre 1886, à propos du Mémoire de M. Fayol :

Affaissements dus aux travaux des mines.

« Tous nos collègues connaissent le remarquable travail publié dernièrement dans le *Bulletin de l'Industrie minérale* sur cette question, par M. Henri Fayol, directeur des Mines de Commentry. C'est ce qui a été fait de mieux jusqu'à présent. M. Fayol fait justice de la fameuse théorie de la Normale qui n'est qu'un cas particulier. Son beau travail est dès à présent classique. »

Si l'on s'en réfère à une Note publiée par la Société de l'Industrie minérale dans le bulletin d'octobre-décembre 1914, le Mémoire de M. Fayol reste encore aujourd'hui ce qui a été fait de mieux sur ce sujet.

En effet, la Note de 1914 est l'analyse d'un travail allemand dont l'auteur (Hausse) cité par le docteur-ingénieur A. Eckardt ([1]) s'est approprié non seulement les conclusions de M. Fayol, sans le citer, mais encore son procédé d'expérimentation (couches artificielles dans une caisse à parois de verre) et ses figures démonstratives.

Il est vrai que le Mémoire de M. Fayol remonte à plus de 30 ans.

OBSERVATIONS ET EXPÉRIENCES.

(Explications des planches.)

Mouvements observés à l'intérieur de la mine, à la suite de l'exploitation d'une couche de houille puissante.

Les figures 1 à 5 de la planche II montrent les mouvements produits par l'enlèvement successif de plusieurs tranches et les déformations de la partie supérieure d'un étage. Le charbon qui constitue la dernière tranche a déjà subi, au moment où on l'extrait, une inflexion considérable, surtout du côté du toit.

De même que le plafond d'une tranche finit par devenir horizontal ou parallèle au sol de la tranche lorsque le tassement du remblais est achevé, de même le toit de la tranche finit par devenir parallèle au mur lorsque toute la houille est enlevée.

Les figures 6 à 10, mises en regard des figures 1 à 5, montrent dans quelle mesure les mouvements ont dû se propager au-dessus de chaque tranche.

Sur la figure 11, planche II, on voit le mouvement que détermine l'avancement graduel du front de taille d'une tranche : le plafond

---

([1]) *Étude sur les affaissements produits par les exploitations houillères*, par le docteur-ingénieur A. Eckardt (Glückauf des 21 et 28 mars 1914).

s'infléchit par une double courbure continue et s'appuie en arrière
sur les remblais. Là où le tassement des remblais est terminé, le
plafond est redevenu horizontal. La courbure se déplace à mesure
que le dépilage avance, décrivant ainsi une ondulation comparable
à celle d'une vague à la surface de l'eau ; très prononcée en avant,
la courbe se raccorde doucement en arrière avec l'horizontale.

Dans ce mouvement, les roches du plafond subissent d'abord
un étirement qui les fendille, puis une contraction. Les fissures
qui se sont formées vers le front de taille se referment en partie
en arrière, au moment où la masse redevient horizontale.

Lorsque le charbon est très tendre, le plafond ne s'infléchit
plus avec la même régularité.

Dans le charbon très dur, le mouvement n'est ni régulier ni
continu ; le plafond reste quelquefois longtemps immobile, sus-
pendu au-dessus des remblais ; puis il s'affaisse tout à coup et se
divise en blocs séparés par de larges crevasses.

Si l'on arrête le dépilage, l'affaissement ne tarde pas à s'arrêter
aussi ; le plafond garde à peu près la courbure indiquée sur la
figure 11. Les crevasses ou fissures qui se sont formées vers le front
de taille restent ouvertes ; elles se prolongent en dessus et en avant
de l'excavation.

Les observations reproduites dans la planche II ont été faites
à Commentry.

La grande couche de Commentry, dont la puissance était généralement de 10^m à 15^m, était exploitée par tranches horizontales
de 2^m à $2^m,50$ de hauteur, prises successivement en montant.

On remblayait aussi bien que possible, avec des roches du
terrain houiller provenant de carrières à ciel ouvert.

Expériences sur les mouvements de terrain.

Il s'agissait de reproduire, en petit, les mouvements de terrain
produits par l'exploitation des mines, de manière à pouvoir en
observer la marche et en saisir les particularités. Après quelques
tâtonnements, j'ai opéré de la manière suivante :

Des couches artificielles en terre, sable, argile, plâtre ou autres matières, sont disposées dans une caisse en bois, dont l'une des faces est en verre.

La caisse peut avoir des dimensions quelconques. Celle que j'ai le plus souvent employée a $0^m,80$ de longueur, $0^m,30$ de largeur et $0^m,50$ de hauteur.

Sur le fond de la caisse on étale une première couche ; sur cette première couche, on en dispose une seconde de même nature ou de nature différente, et l'on continue ainsi jusqu'à ce que l'on ait la hauteur voulue. L'épaisseur des couches a varié de 1^{mm} à plusieurs centimètres.

Le verre permet de voir les strates sur leur tranche. Pour noter les mouvements on dispose, dans les plans de stratification, de petits morceaux de papier de 2^{cm} de longueur et 1^{cm} de largeur, dont la tranche seule est visible. On trace ensuite, à l'encre, sur le verre, des traits qui couvrent bien exactement les lignes formées par le papier. Les traits sur verre sont des repères fixes qui permettent de suivre les moindres mouvements de terrain.

Pour simuler l'exploitation et déterminer des mouvements, on procède de la manière suivante :

Avant de constituer les couches artificielles, on a placé sur le fond de la caisse, à côté les unes des autres, de petites planchettes d'égale épaisseur et de quelques centimètres de largeur, ayant pour longueur la largeur de la caisse. J'ai opéré avec des planchettes de 1^{mm} à 20^{mm} d'épaisseur et avec une ou plusieurs couches de planchettes superposées.

C'est sur ces couches de planchettes que sont étalés les terrains artificiels.

En retirant les planchettes, on produit des excavations et des mouvements de terrain.

Quelques heures suffisent pour préparer et effectuer une expérience.

Pour avoir des couches de diverses inclinaisons, on peut redresser la caisse déjà remplie de couches horizontales ; on peut aussi construire les couches avec l'inclinaison qu'elles doivent avoir.

On peut faire varier les expériences à l'infini en modifiant les

Fig. 1.

Fig. 2.

Fig. 3.

Fig. 4.

Fig. 5.

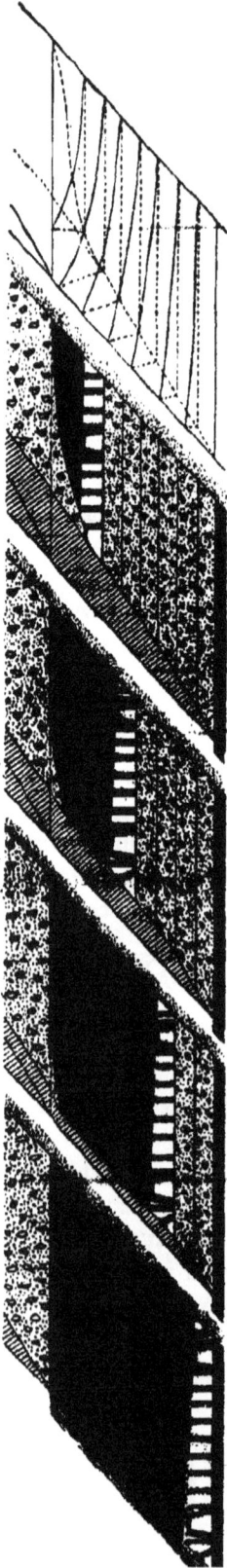

Mouvements de terrain provoqués par l'exploitation (en travers avec remblais) d'une couche de houille puissante. (Échelle de 1/500°.)

Fig. 6.

Fig. 7.

Fig. 8.

Fig. 9.

Fig. 10.

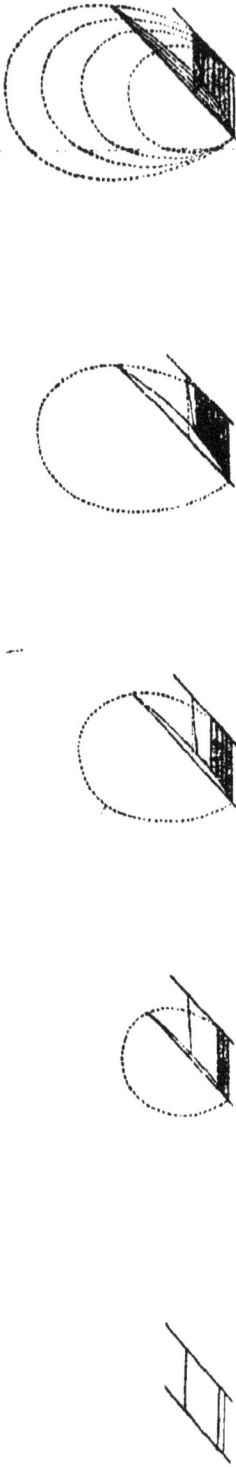

Explication des mouvements de terrain ci-dessus par le Dôme limite.

Fig. 11.

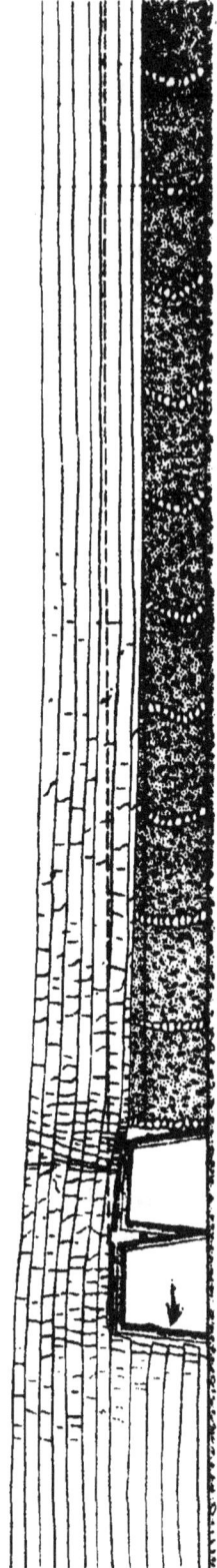

Mouvements de terrain déterminés par l'avancement graduel d'un front de taille. (Échelle de 1/125°.)

Dôme limite des affaissements de terrain provoqués par l'exploitation des mines.

Fig. 1.

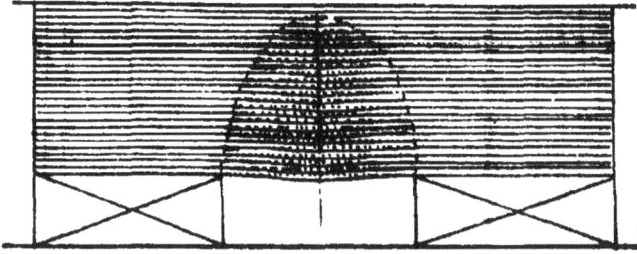

Flexion de pièces encastrées à leurs extrémités.

Fig. 2.   Fig. 3.

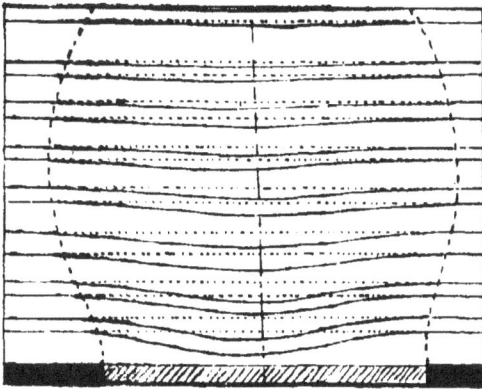   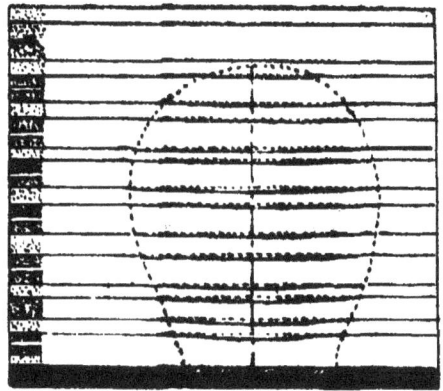

Excavation sous des couches horizontales.

Fig. 4.   Fig. 5.

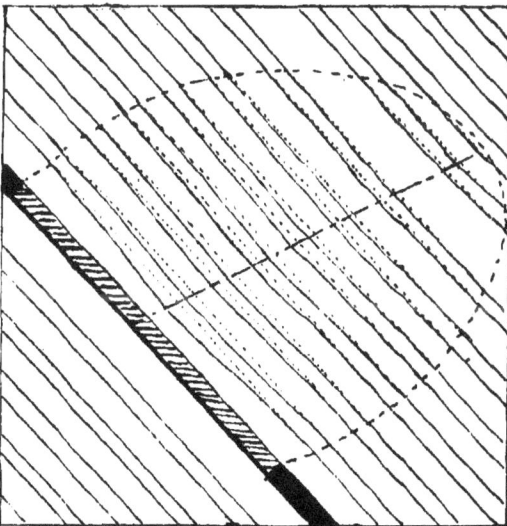   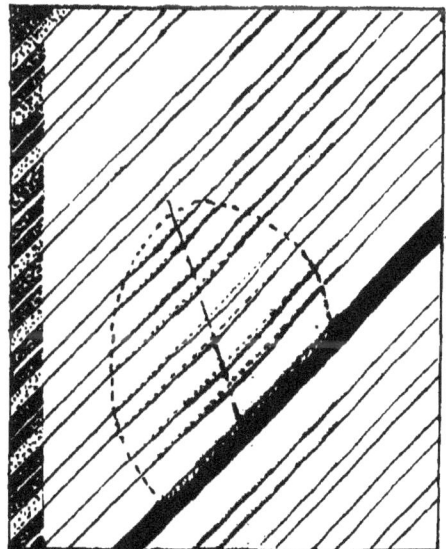

Excavation sous des couches inclinées.

Dôme limite des affaissements de terrain provoqués par l'exploitation des mines.

Fig. 1.

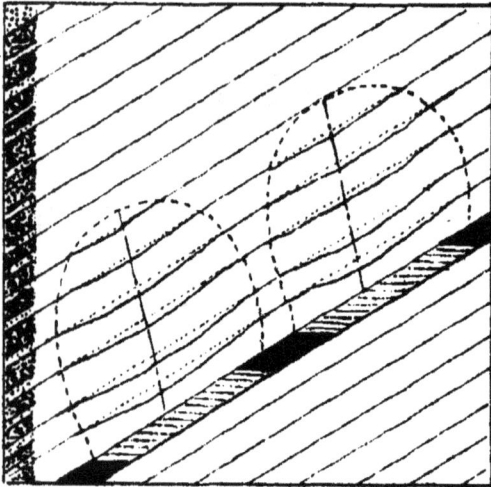

Fig. 2.

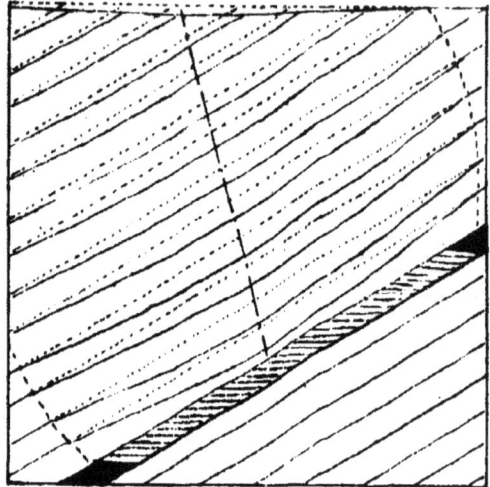

Dépilage par tranches horizontales d'une couche puissante inclinée.

Fig. 3.

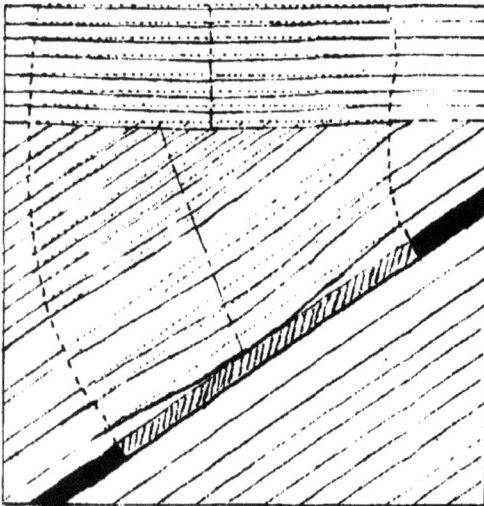

Fig. 4.

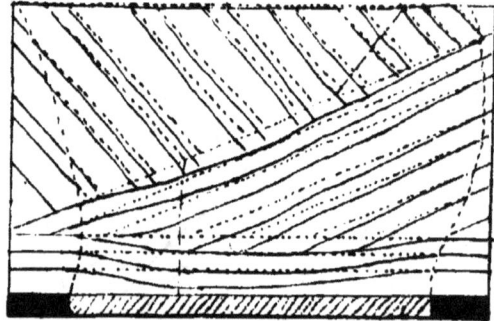

Excavation sous des couches inclinées recouvertes
de couches horizontales.

Excavation sous des couches horizontales recouvertes
de plusieurs systèmes de couches inclinées, plon-
geant dans des sens différents.

dimensions de la caisse, des planchettes, des bancs, la nature des matériaux, l'inclinaison des couches et toutes les circonstances de l'opération.

Les figures 2 à 5 de la planche III et les figures de la planche IV reproduisent diverses de ces expériences.

La figure 1 de la planche III représente la flexion que prennent des pièces encastrées à leurs extrémités.

ÉTUDES SUR LE TERRAIN HOUILLER DE COMMENTRY.

Je ne saurais mieux donner une idée exacte et une appréciation autorisée de cet Ouvrage, qu'en citant les documents suivants :

1° Rapport présenté à l'Académie des Sciences pour l'attribution du prix Delesse en 1893 ;

2° Analyse de l'Ouvrage par M. Emm. de Margerie, ancien président de la Société géologique de France ;

3° La théorie des deltas appréciée par M. A. de Lapparent.

I. — RAPPORT PRÉSENTÉ A L'ACADÉMIE DES SCIENCES POUR L'ATTRIBUTION DU PRIX DELESSE.

Commissaires : MM. Daubrée, Fouqué, Des Cloizeaux, Albert Gaudry;
Mallard, rapporteur.

(Extrait des *Comptes rendus de l'Académie des Sciences,*
2ᵉ semestre 1893.)

L'origine végétale de la houille, qu'admettait depuis longtemps la majorité des géologues, a été récemment mise hors de doute par les études microscopiques ; mais il restait à résoudre un problème qui n'intéresse pas moins le géologue que l'ingénieur, celui de savoir de quelle façon les végétaux de l'ancien monde ont pu donner naissance aux couches de combustibles.

Pendant de longues années, les géologues de toutes les écoles, Lyell aussi bien qu'Elie de Beaumont, se sont trouvés d'accord pour admettre que les couches de houille sont d'anciennes couches de tourbe, enfouies à la suite d'un affaissement du sol. Cette théorie dut être abandonnée lorsqu'il fut constaté que la houille est formée, pour la plus grande partie, par des végétaux terrestres, généralement arborescents, et dont les débris ont été charriés par les eaux. On continuait, d'ailleurs, à regarder comme évident que les différentes couches dont est constitué le terrain houiller avaient dû prendre naissance successivement, qu'une couche de houille n'avait pu se former qu'après l'achèvement du dépôt de la couche de schiste sur laquelle elle repose, la couche de schiste ou de grès qui recouvre la houille et en forme ce qu'on appelle le *toit* ne s'était formée qu'après le dépôt de la couche de combustible.

C'est cette idée, qui semblait en quelque sorte évidente, qu'a osé déclarer fausse un ingénieur qui dirigeait les mines de Commentry, et qui avait su observer en géologue perspicace le terrain qu'il exploitait en ingénieur habile. M. Fayol fit remarquer qu'il est impossible d'admettre qu'il ait jamais pu se rencontrer, dans les âges géologiques, une époque pendant laquelle les eaux, qui charriaient des débris végétaux, aient pu ne pas transporter en même temps des débris minéraux. Une semblable suspension pendant le temps nécessairement fort long employé à la formation d'une couche de houille, de l'action corrosive exercée sur le sol par les eaux courantes, ne pourrait se comprendre, surtout à une période de l'histoire de la terre où la formation de nombreuses couches de conglomérats, de grès et de schistes montre, au contraire, que le ravinement n'a peut-être jamais été plus intense.

Pour M. Fayol, le bassin houiller de Commentry, et tous les autres bassins houillers qui ont été, dans sa pensée, formés d'une manière plus ou moins analogue, est le résultat du comblement d'un ancien lac. Ce comblement s'est effectué, suivant lui, par l'apport des matériaux de toutes sortes : cailloux, sables, argiles, végétaux, etc., que charriaient les affluents débouchant dans le lac. Mais les matériaux, transportés pêle-mêle par les cours d'eau, ont subi, au sein du lac, un classement par densité, analogue à celui qui se produit dans les appareils destinés à laver le minerai. Les matières les plus légères ont été transportées plus loin, les matières les plus lourdes se sont précipitées à peu de distance du rivage, et c'est ainsi que les cailloux se sont rassemblés pour former des conglomérats, les sables pour former des grès, les argiles des schistes, enfin les débris végétaux pour donner naissance à la houille. Les couches du terrain houiller ne se sont donc pas formées successivement, mais en quelque sorte, simultanément, en progressant toutes ensemble.

Pour confirmer cette théorie ingénieuse, mais qui heurtait de front des idées considérées comme ayant l'évidence d'un axiome, M. Fayol s'est adressé d'abord à l'observation géologique. Non seulement il a lui-même étudié minutieusement et avec grand soin la disposition des couches de Commentry, ainsi que leur composition minéralogique, mais il a su intéresser et associer à son œuvre les ingénieurs placés sous ses ordres et jusqu'aux mineurs eux-mêmes, entraînés par l'exemple. Il a su s'assurer la collaboration de savants éminents qui, en possession des admirables collections qu'il avait rassemblées, ont pu étudier, d'une manière approfondie, la pétrologie, la flore et la faune du terrain. Grâce à ces efforts, que M. Fayol a eu le mérite de faire converger vers un même but, le bassin de Commentry est, à l'heure qu'il est, un des mieux connus qui soient au monde.

M. Fayol ne s'est pas borné à contrôler sa théorie par l'observation des faits géologiques. Il a fait aussi appel à l'expérimentation. Mettant en œuvre les ressources dont il disposait, il a institué dans les bassins de dépôt des ateliers de lavage de la houille, de véritables expériences de sédimentation, habilement conduites et variées, dont les résultats sont venus donner un puissant appui à ses idées.

Votre Commission n'a point à porter un jugement définitif sur la théorie de M. Fayol, qui est d'ailleurs maintenant admise par un très grand nombre de géologues et d'ingénieurs. Peut-être sera-t-on amené à lui faire subir, dans certaines parties, quelques modifications. Quoi qu'il en soit, par l'introduction, dans la Science, d'une idée absolument neuve et qui paraît d'accord avec les faits, non moins que par les travaux géologiques qui lui sont dus et par ceux qu'il a provoqués, M. Fayol a rendu d'importants services à la Géologie, et votre Commission n'hésite pas à lui attribuer le prix Delesse pour 1893.

II. — ANALYSE DE L'OUVRAGE,

Par M. EMM. DE MARGERIE,
Ancien Président de la Société géologique de France.

(Extrait de l'*Annuaire géologique universel*. t. IV. Paris, 1888.)

Première Partie.

LITHOLOGIE ET STRATIGRAPHIE.
Par M. FAYOL.

La monographie du bassin houiller de Commentry, par M. Fayol, constitue en réalité un exposé complet de la théorie de la formation des terrains houillers, par charriage sédimentaire et dépôt de deltas lacustres, théorie à laquelle le nom de M. Fayol restera désormais attaché. Les grandes tranchées à ciel ouvert, profondes de 30^m à 50^m, pratiquées pour l'exploitation de ce bassin, en font un incomparable champ d'observations, où, bien des faits, invisibles dans les galeries souterraines ordinaires, peuvent être relevés avec la plus grande facilité; M. Fayol a d'ailleurs pris soin de faire reproduire la plupart de ces coupes si instructives dans le magnifique atlas qui accompagne sa publication, destinée, sans contredit, à prendre rang parmi les travaux classiques dont l'étude attentive s'impose à tous les géologues soucieux des progrès de la Science.

M. Fayol a partagé son Ouvrage en trois Parties, intitulées respectivement : 1° Mode de formation des terrains houillers en général ; 2° Étude sur le bassin houiller de Commentry ; 3° Études sédimentaires. Une quatrième Partie, consacrée aux études micropétrographiques de MM. St. Meunier et de Launay, complétera ultérieurement la description du bassin et sera suivie elle-même par les Mémoires paléontologiques de MM. Renault, Zeiller, Sauvage et Ch. Brongniart.

I. La première Partie n'est que l'énoncé sommaire des conclusions auxquelles est arrivé M. Fayol :

Les terrains houillers sont des dépôts formés par des cours d'eau à leur embouchure, dans des lacs ou dans la mer. Ils reproduisent, en effet, trait pour trait, les diverses particularités observées dans les deltas des cours d'eau actuels.

L'observation et l'expérience montrent que, dans un bassin aux eaux tranquilles, les couches sont *inclinées, irrégulières et peu étendues ;* lorsque les eaux du bassin sont agitées par des vagues, les couches sont *moins inclinées, plus étendues et plus régulières.* L'inclinaison, variant de 0° à 45°, atteint le maximum avec les éléments les plus grossiers dans les bassins les plus tranquilles ; avec des éléments ténus ou légers, et des eaux agitées, elle tend au contraire vers l'horizontalité. L'étendue et la régularité des couches sont d'autant plus grandes que les sédiments sont plus fins ou plus légers et que les eaux du bassin de dépôt sont plus agitées.

Les dépôts artificiels formés par charriage en eau tranquille, les deltas lacustres, les terrains houillers du Plateau Central présentent une disposition générale identique, permettant de conclure à une égale analogie d'origine. Un second groupe de dépôts homologues est représenté par les dépôts artificiels formés en eau agitée, les deltas marins et les terrains houillers du nord de la France. Ces ressemblances respectives sont parfaitement mises en évidence par les coupes (*fig.* 1-12) placées ci-après.

De même que les deltas actuels, les terrains houillers sont composés essentiellement de matériaux détritiques, avec des débris organiques, les couches de houille correspondant aux couches végétales des deltas. Dans les terrains houillers, comme dans les deltas en formation, l'*étendue* des couches varie de quelques mètres à des milliers de kilomètres carrés ; la *puissance* va de la simple trace à des dizaines de mètres ; la *grosseur des*

Fig. 1 _ Dépôt artificiel en eau tranquille

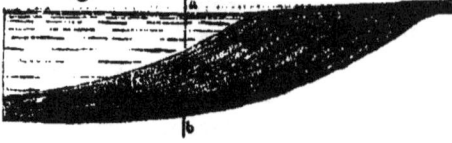

Fig. 2 _ Coupe suivant a b

Fig. 3 _ Delta lacustre

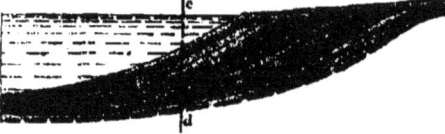

Fig. 4 _ Coupe suivant c d

Fig. 5 _ Terrain houiller du Centre
(Commentry)

Fig. 6 _ Coupe suivant e f

Echelles $\begin{cases} \text{Fig 5} & \frac{1}{25000} \\ \text{Fig 6} & \frac{1}{500000} \end{cases}$

Fig. 7 _ Dépôt artificiel en eau agitée

Fig. 8 _ Coupe suivant g h

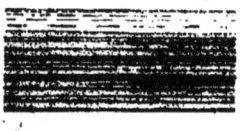

Fig. 9 _ Delta marin

Fig. 10 _ Coupe suivant i j

Fig. 11 _ Terrain houiller du Nord

Fig. 12 _ Coupe suivant k l

F.

éléments, du grain le plus fin au bloc de plusieurs mètre cubes. Parmi les
traits communs aux deux formations, on peut relever encore : les variations
de nature et de puissance d'un même banc ; le défaut de parallélisme des
bancs ; les changements assez rapides de constitution élémentaire des
diverses parties d'un même dépôt dans le sens latéral ; la disparition assez
rapide d'un faisceau de bancs ; la ramification des couches ; la constitution variable du toit et du mur des couches d'origine végétale ; la présence d'amas irréguliers de débris végétaux; les intercalations minérales
au milieu d'une couche végétale ; les fausses stratifications, les corrosions,
refoulements, plissements, glissements, cassures et autres accidents *locaux*
qui n'affectent qu'un petit nombre de bancs et un espace restreint ; les
bancs remaniés ; les tiges couchées et debout au milieu des sédiments
détritiques, etc. Toutes ces particularités sont d'ailleurs beaucoup plus
prononcées dans les terrains houillers du Plateau Central, soumis, lors de la
formation de ces couches, à un régime torrentiel et alpestre, que dans le
bassin franco-belge, où le rôle des vagues et des marées est indiqué par
l'allure beaucoup plus régulière et la plus grande étendue des couches, et
où l'intercalation locale de bancs calcaires à fossiles marins trahit du reste
la présence de l'eau salée ; dans le dernier cas, les alternances signalées
s'expliquent aisément par les déplacements d'embouchure des cours d'eau,
ou même par de simples changements dans leur débit et leur puissance
de transport. L'absence, à la partie supérieure des terrains houillers, des
couches presque horizontales (dites *alluviales*) qui recouvrent ordinairement
les couches inclinées (dites *neptuviennes*) des deltas actuels, ne saurait en
aucune manière être invoquée contre l'assimilation des terrains houillers
à des deltas : c'est en effet un résultat nécessaire des érosions profondes
qu'ont eu à subir les premiers depuis leur dépôt et leur sortie des eaux.
Aussi tous les restes de plantes que renferme le terrain houiller, arbres
couchés ou debout, grains de houille, amas, couches, proviennent-ils
exclusivement de matériaux charriés, de la même manière que les éléments
des couches de schistes et des grès.

L'hypothèse de la formation de la houille sur place, à la façon de la
tourbe, est incapable de rendre compte des faits observés ; pour expliquer
les alternances de houille, de schistes et de grès, il a fallu d'ailleurs lui
adjoindre une série d'hypothèses auxiliaires, aussi invraisemblables qu'in-
suffisantes. M. Fayol démontre péremptoirement dans son Livre que le
charriage simultané de végétaux et de matières minérales peut donner
lieu à des couches végétales et minérales distinctes, et que le dogme de
l'*horizontalité primitive des couches sédimentaires*, considéré jusqu'ici

comme l'une des vérités fondamentales de la Géologie, est faux lorsqu'on l'étend aux dépôts de deltas à éléments plus ou moins grossiers, formés dans les bassins lacustres. Ce double résultat fait donc disparaître les difficultés qui avaient porté la plupart des géologues à renoncer à l'hypothèse du charriage pour appliquer à la houille la théorie des tourbières et assurer le succès définitif de la théorie des deltas.

II. Le bassin houiller de Commentry est l'une des nombreuses formations houillères disséminées au milieu et sur le pourtour du Plateau Central de la France. Il a la forme d'une cuvette irrégulière, allongée, de 9^{km} de longueur, 3^{km} de largeur moyenne et 700^m environ de profondeur (*voir* la Carte Géologique, pl. I, et les coupes générales, pl. II). La surface du sol de Commentry est vallonée ; son altitude est comprise entre 300^m et 450^m au-dessus du niveau de la mer. Les saillies les plus accusées de la région sont formées par les collines gneissiques ou granitiques qui entourent le bassin houiller et le dominent de toutes parts.

Le terrain houiller du bassin se compose principalement de roches à gros éléments (conglomérats, poudingues, grès à blocs) ; les grès viennent ensuite, puis les schistes et enfin la houille qui n'entre que pour une bien faible proportion dans la masse totale. Le mode de répartition de ces différents matériaux obéit à un ordre très simple.

En longeant le grand axe du bassin du Sud-Est au Nord-Ouest, on rencontre successivement trois zones de roches à gros éléments (Longeroux, Montassiégé, Bourdesoulles) et, pour les séparer, deux zones de roches à éléments plus fins comprenant des grès, des schistes et de la houille (Les Pégauds et les Ferrières). Ces zones se succèdent, non pas de la base au sommet, parallèlement à la stratification générale, mais latéralement, c'est-à-dire perpendiculairement à la stratification ; de manière que, dans ce sens, on reste constamment, à travers toute l'épaisseur du terrain houiller, dans les poudingues à Longeroux, dans les grès, schistes et houille aux Pégauds, dans les grès à blocs à Montassiégé, etc. (*voir* les figures 14 et 15 du Volume de texte).

Ces zones diffèrent également par la nature ou la proportion des éléments minéraux entrant dans la constitution de leurs roches : ainsi, la zone de Longeroux renferme une proportion considérable de débris anthracifères dont les autres parties du terrain houiller ne présentent pas trace ; la zone de Montassiégé est constituée principalement par du granite gris, absent ailleurs ; la zone de Bourdesoulles renferme seule des galets de microgranulite. Il y a généralement passage graduel, dans le sens latéral, d'une zone à l'autre, aussi bien pour la nature que pour la grosseur des éléments constitutifs des roches houillères.

La plus importante des *couches de houille* est celle désignée sous le nom de *Grande Couche* qui, aux affleurements, apparaît au Sud-Est à Longeroux avec quelques centimètres d'épaisseur, se renfle peu à peu jusqu'à atteindre 10^m à 12^m, garde cette puissance moyenne sur $2^{km},5$ de longueur, s'amincit ensuite et finit par disparaître du côté de Montassiégé. Dans le sens de l'inclinaison, qui est vers le Sud et varie de 0° à 50°, la grande couche s'amincit aussi graduellement et disparaît vers la profondeur de 350^m. La forme des affleurements rappelle celle de la lettre C.

Avant de disparaître à l'Ouest la grande couche s'est divisée, ramifiée, en six couches distinctes qui vont en divergeant. Deux autres couches, dites des *Grès noirs* et des *Pourrats,* qui sont séparées de la Grande Couche en leur milieu par des épaisseurs de bancs de 80^m à 150^m, se réunissent à la Grande Couche vers Longeroux. Ainsi les huit couches qui, à l'Ouest, sont séparées les unes des autres par une épaisseur totale de grès et de schistes de plus de 200^m, sont toutes des ramifications de la couche unique de Longeroux.

Ces couches sont en houille grasse à longue flamme. A la base de la zone des Pégauds se trouvent quelques veines lenticulaires d'anthracite. La zone des Ferrières en présente également, dans des conditions de gisement analogues.

La Grande Couche est aussi variable dans sa constitution que dans son allure ; on y voit la houille passer au cannel-coal, au boghead, au schiste bitumeux, et même au grès et au poudingue. Tantôt la houille est pure du mur au toit, sur des épaisseurs de 10^m, 15^m et 20^m ; tantôt elle est divisée par des intercalations de schistes, de grès et même de conglomérats dont la puissance atteint jusqu'à 8^m.

En dehors des accumulations qualifiées de couches, veines ou amas, la houille existe presque partout dans le terrain houiller, dans les schistes, dans les grès, dans les poudingues, et les conglomérats, soit en lamelles lenticulaires isolées dont l'épaisseur varie de quelques centièmes de millimètre à plusieurs centimètres, soit en *grains* ou *galets* semblables comme forme et comme dimensions aux grains de sable et aux cailloux roulés par les rivières. Il y a peu de grès dépourvus de grains de houille dans le bassin de Commentry ; ces grains sont tantôt rares, tantôt en assez grande proportion pour donner aux grès une teinte noire ; sur quelques points l'amoncellement de grains et galets de houille constitue de véritables veinules.

Le *schiste* se trouve dans les mêmes régions que la houille, surtout au toit des couches, aux Pégauds et aux Ferrières ; il forme des couches assez étendues. On le rencontre aussi à l'état de galets et de grains au milieu des grès et des poudingues. Il passe au grès et à la houille par degrés insensibles.

Le *grès* affectant un aspect, un grain et une épaisseur très variés, forme des bancs généralement lenticulaires et fort irréguliers, dont l'épaisseur dépasse parfois 10^m, et dont la longueur atteint rarement 400^m ou 500^m. Le même banc passe parfois d'un côté au schiste, de l'autre au poudingue ; il y a aussi des passages du grès à la houille.

Les *grès à blocs* sont des grès à grains grossiers renfermant des galets et des blocs granitiques dont le volume dépasse parfois 1^m'; une partie considérable de la formation houillère, toute la zone de Montassiégé, est constituée uniquement par des grès à blocs. Comme *conglomérat*, on peut encore citer le *Banc Sainte-Aline*, situé un peu au-dessous de la Grande Couche : son épaisseur atteint 60^m, et sa longueur aux affleurements est de 4500^m. C'est l'un des bancs les plus extraordinaires du bassin ; dans sa partie centrale, il renferme des blocs de plusieurs mètres cubes ; vers ses extrémités, il passe graduellement au grès fin. Un autre conglomérat singulier est le *Banc des Chavais*, intercalé au milieu de la Grande Couche; dans sa partie médiane, il a 8^m d'épaisseur et renferme des blocs de 0^m,60 de diamètre, et sur son pourtour, à quelques centaines de mètres seulement, il passe graduellement à la houille. En divers points du bassin, on rencontre des poudingues dont les éléments sont en majeure pratie du terrain houiller remanié.

Outre ces roches principales, le terrain houiller de Commentry renferme encore, en proportions relativement faibles, diverses substances telles que fer carbonaté, calcite, silice, pholérite, pyrite, etc. ; il est de plus traversé par une roche éruptive (porphyrite micacée), connue sous le nom de *dioritine*.

Après cette description sommaire du bassin, M. Fayol décrit le terrain primitif adjacent et les roches éruptives accessoires ; puis il revient avec détail sur les différents éléments du terrain houiller, en s'attachant à en déterminer la provenance et le mode de formation. Le mode de division lithologique, par zones transversales et verticales, ne peut s'expliquer que par l'action sédimentaire de plusieurs cours d'eau : chaque cours d'eau a formé son delta, de manière que, suivant les points examinés, les bancs de même niveau ne sont pas de même composition. Et ce fait n'est pas isolé : M. Fayol l'a constaté en effet à Montvicq, à Saint-Étienne et à Champagnac, et il est probable qu'il en est ainsi dans la plupart des bassins houillers du Plateau Central. A Commentry, M. Fayol a pu remonter à l'origine de la plupart des éléments qui constituent les différentes zones lithologiques, et rétablir ainsi approximativement le bassin hydrographique de chaque cours d'eau ; ces bassins paraissent s'être agrandis sans cesse pendant toute la durée de la formation, sans jamais dépasser une vingtaine de kilomètres de longueur.

M. Fayol a montré, par des exemples pris dans les petits cours d'eau actuels de la région, comment, sur un faible parcours, les roches primitives peuvent se transformer en blocs, galets, sables et limons. Les plus gros blocs de gneiss et de micaschiste sont réduits en grains de moins de 20^{mm} sur un parcours de 6^{km} environ, et en poussière sur un parcours double. Le granite résiste environ deux fois plus, la granulite deux fois plus que le granite, et le quartz plus encore. On s'explique ainsi la faible proportion de galets de micaschiste dans l'ensemble du terrain houiller et son abondance relative sur la lisière nord, ou cette roche est arrivée du voisinage immédiat sans grand transport ; elle s'est nécessairement réduite en éléments ténus quand elle a dû franchir de plus grandes distances. On comprend bien aussi que la région de Bourrus, au nord-est de la zone de Montassiégé, ait pu fournir tous les éléments granitiques de cette zone : pour expliquer la présence des blocs énormes qu'on y observe, on est obligé d'admettre de fortes pentes, et d'attribuer par suite une assez grande hauteur aux reliefs qui bordaient le lac houiller. M. Fayol estime que le sommet du massif des Bourrus devait s'élever à plus de 500^m au-dessus du niveau du lac.

Ceci transforme considérablement le paysage des plaines basses et marécageuses, à peine émergées, qu'on s'était plu à imaginer jusqu'à présent au siège des formations houillères : au lieu d'un sol plat à peine exondé, nous trouvons les traces d'une nature accidentée, alpestre, telle que l'avait faite des soulèvements peu anciens, et avant que les actions météoriques eussent le temps de détruire les sommets et de combler les fonds.

L'hypothèse d'un dépôt lacustre, formé par des cours d'eau torrentiels, est appuyée non seulement par la nature, la forme et la dimension des galets, mais encore par l'allure stratigraphique du terrain. Aucune autre explication plausible ne peut être donnée, par exemple, de l'épaisseur variable d'un faisceau de bancs quelconques de la zone de Montassiégé, épaisseur deux ou trois fois plus grande dans l'axe de la zone que dans les côtés ; c'est là un fait fréquent dans les deltas torrentiels. On ne saurait non plus expliquer autrement la présence des débris *houillers* si abondants dans certains bancs, ni le banc Saint-Aline constitué par 60^m de blocs énormes en son milieu et du sable fin sur son pourtour, ni le banc lenticulaire des Chavais, conglomérat au centre, houille à la circonférence. Tout peut se concevoir assez facilement dans l'hypothèse du remplissage d'un lac profond par divers affluents ; tout devient obscur, dans l'hypothèse de *l'horizontalité primitive des couches et des affaissements du sol.*

La composition, l'allure et la situation des divers bancs de grès du terrain houiller de Commentry conduisent à admettre la même hypothèse que pour l'origine des roches à gros éléments. Dans ces grès, le quartz est l'élément dominant, parce qu'il résiste mieux que les autres à la trituration des cours d'eau. Les grès grossiers renferment, dans chaque zone, les mêmes éléments caractéristiques que les poudingues qui leur sont localement associés. Lorsque le grain du grès diminue, le feldspath devient rare, conformément à ce que l'on observe pour les cours actuels, où le feldpath disparaît longtemps avant le quartz ; au contraire, le mica devient plus abondant dans les grès fins, parce que les grains très fins de quartz et les paillettes de mica tendent à l'équivalence, au point de vue de leur manière d'être dans le processus de la sédimentation ; et si les grès fins de la base du terrain houiller sont particulièrement micacés, c'est parce que les micaschistes voisins ont beaucoup plus participé à la formation de ces bancs qu'à celle des bancs supérieurs.

Les végétaux sont plus rares dans les grès grossiers que dans les grès moyens et fins, parce qu'ils flottaient un certain temps avant de se déposer, s'éloignaient des bords du bassin et franchissaient ainsi la zone de dépôt des éléments grossiers. En général, ils dépassaient la zone sableuse pour aller jusqu'au limon et au delà. Si des tiges, des graines, des feuilles de cordaïtes, se rencontrent parfois en assez grand nombre dans les grès, cela tient surtout à leur densité naturelle et à celle qu'une longue immersion préalable avait pu leur donner.

M. Fayol explique comment les bancs remaniés proviennent de l'érosion de la plaine alluviale houillère par les cours d'eau, érosion étant la conséquence nécessaire des déviations subies par ces derniers.

La forme lenticulaire des bancs de grès et le passage fréquent d'un même banc au poudingue d'un côté, au schiste de l'autre, sont des conséquences normales du dépôt incliné en eau tranquille ; il en est de même de la convergence de ces bancs vers certains horizons comme la Grande Couche. Ces phénomènes restent au contraire sans explication plausible dans l'hypothèse du dépôt horizontal suivi d'affaissements du sol. La formation par deltas, telle qu'elle a été déduite de la constitution des roches à gros éléments, rend bien compte aussi de la position relative des grès : les grès grossiers font généralement suite aux poudingues ou aux grès à blocs ; les grès moyens et les grès fins sont surtout dans les anses qui restaient entre les deltas. Le toit immédiat des couches de houille est généralement en schiste, parce que le limon suit naturellement les végétaux et précède les sables ; c'est pour la même raison que l'on voit certains bancs passer graduellement en profondeur du poudingue au grès et au schiste.

Les ciments argileux, siliceux et ferrugineux des grès s'expliquent facilement aussi dans l'hypothèse du dépôt lacustre. On sait que la trituration des roches granitiques en eau courante donne une sorte de boue argileuse et à une dissolution de silice, que les pyrites se transforment en hydrate et sulfate de fer, et que les silicates des feldspaths et la présence des hydrocarbures donnent de la silice libre, du kaolin, du fer carbonaté, etc. Tant que les dépôts sableux sont meubles, ils sont parcourus par les eaux d'infiltration et par les gaz résultant de la fermentation des plantes qui se transforment en houille. L'argile apportée par les eaux remplit peu à peu les interstices ; sur certains points la silice et le fer se condensent suivant un mécanisme connu.

Le carbonate de chaux, qui existe d'ailleurs en très faible proportion, a une origine semblable.

La kaolinisation très marquée du feldspath des bancs de grès intercalés dans les couches de houille, doit résulter de l'action des hydrocarbures des plantes sur le dépôt : les silicates alcalins ont disparu, le silicate d'alumine est resté. Dans les grès de Montassiégé, où les plantes sont rares, le feldspath n'est pas décomposé.

Le mode de répartition et la variété de composition des schistes suggèrent, au sujet de l'origine de ces roches, des remarques entièrement analogues aux précédentes. Là encore, il est manifeste que grès, schistes et houille, se sont formés simultanément avec des matériaux apportés, à la fois par le même cours d'eau.

La silicification des grès, celle des troncs d'arbres, et la présence du quartz dans certaines lames de houille résultent sans doute de l'action de la silice libérée par la trituration des roches anciennes et la décomposition du feldspath. Seule la silice opaline des grès noirs paraît devoir être rattachée aux éruptions permiennes. Quant à la pholérite (silicate d'alumine), si abondante à Commentry, sa présence paraît toute naturelle si l'on songe à la proportion de feldspath des roches dont les débris ont constitué le terrain houiller.

Constitution de la houille. — Toutes les matières charbonneuses du bassin houiller de Commentry peuvent se décomposer en *lames*, dont l'épaisseur varie entre quelques millimètres et 2^{dm} et dont la longueur atteint parfois 20^m et 30^m, en *feuillets* puissants de deux dixièmes de millimètre au maximum sur quelques décimètres de longueur, et enfin en *grains* et galets atteignant jusqu'à $0^m,40$ de diamètre.

Chacun de ces éléments se trouve soit isolément, soit en grand nombre au milieu des couches de poudingues, de grès, de schiste et de houille ; le plus souvent ces divers éléments se trouvent aux mêmes points.

L'observation montre que lames, feuillets et grains sont des débris de plantes ; les lames ont été produites par des tiges, des branches et des racines ; les feuillets, par des feuilles et autres organes membraneux ; les grains, par divers débris dont la faible dimension est généralement due à l'usure par frottement. Toutes les couches de charbon du bassin sont constituées par une association de lames, de feuillets et de grains, autrement dit par des tiges, branches, racines, feuilles, graines et autes débris en fragments plus ou moins volumineux.

La houille grasse, la houille maigre et l'anthracite sont constitués par des débris de la même flore. Chaque couche renferme des espèces végétales nombreuses et très variées.

Origine et mode de formation de la houille. — Ces observations établissent que la houille a été constituée directement par des débris analogues à ceux que charrient ordinairement les cours d'eau, contrairement à l'opinion généralement admise avant les travaux de M. Fayol : c'est ainsi que, en 1879, M. Frémy affirmait que les végétaux, avant d'arriver au lieu de leur dépôt définitif, ont subi les distillations ou des macérations qui les auraient préalablement transformés en matières ulmiques, lesquelles auraient ensuite formé la houille.

Tous les débris végétaux que renferme le terrain houiller ont donc été charriés ; c'est d'ailleurs ce qu'établit jusqu'à l'évidence, en dehors de la structure intérieure de la houille, la variabilité des couches, au point de vue de la proportion relative des matières minérales détritiques et des matières végétales, entre le type des grès ou celui des schistes, d'une part, et la houille pure, de l'autre.

Quant aux causes qui ont déterminé la transformation de ces débris végétaux en houille, M. Fayol, prenant pour exemple la Grande Couche, cite en première ligne le *temps*, puis l'*état* dans lequel ils se trouvaient au moment où ils se sont déposés, et ensuite l'*action du limon* sur les fines particules végétales. Mais l'auteur déclare être dans l'ignorance la plus

8

complète au sujet des raisons pour lesquelles telle couche est grasse, telle autre maigre et telle autre anthraciteuse, de même qu'en ce qui concerne la distribution des parties grisouteuses ou non grisouteuses.

L'étude de la disposition qu'affectent les débris végétaux dans les alluvions des cours d'eau actuels (par exemple au fond des petites vallées de la région même de Commentry) y montre des éléments entièrement semblables à ceux qui se trouvent dans la houille : tiges, branches, racines, des lames claires ; feuilles et autres débris membraneux, des zones foliaires ; menues parcelles et grains végétaux, de la houille grenue ; débris altérés de toutes dimensions, qui ont formé le *fusain* ; limon des parties argileuses, pholérites des clivages, silice des moules internes, sels de fer et silicates alcalins dont l'action mutuelle en présence des carbures d'hydrogène produira la pyrite et le fer carbonaté, etc. Et si l'on se demande comment tous ces matériaux, charriés par un cours d'eau avec des sables et des galets, pourront se déposer dans un lac, on n'imagine pas d'autres dispositions que celles dont le terrain houiller donne des exemples.

Passant ensuite à l'examen de la question des *tiges debout du terrain houiller*, M. Fayol montre d'abord qu'il n'y a pas, dans le terrain houiller de Commentry, un seul banc qui ressemble à un ancien sol de végétation, pas plus du reste que dans les mines du bassin franco-belge que M. Fayol a pu visiter. On trouve d'ailleurs des tiges sur tous les points et à toutes les profondeurs du terrain houiller, et dans toutes les sortes de roches, même dans les conglomérats les plus grossiers; ces troncs sont pour la plupart, couchés, étendus suivant les plans de stratification; il y en a quelques-uns d'inclinés en *tous sens* et même de perpendiculaires aux strates ; mais le nombre total de ces tiges inclinées et *debout*, à Commentry, est à peu près dix fois moins grand que celui des tiges couchées. Les tiges, il importe de le remarquer, ne sont pas les seuls organes des plantes que l'on rencontre avec la position verticale : des fragments de racines ou de branches, des feuilles de cordaïtes, des frondes d'annularia et de fougères, des radicelles de stigmaria affectent quelquefois aussi la même allure. Enfin, ce qui est décisif, M. Fayol a observé une tige de fougère de $0^m,30$ de diamètre, verticale mais *placée la tête en bas* (pl. XVI, *fig.* 11). Les nombreux faits relevés par M. Fayol concernant cette question des tiges debout sont tous parfaitement concordants; tous, ils indiquent que le flottage, et non la croissance sur place, est seul en mesure d'expliquer les circonstances observées : parmi les tiges que charrient les cours d'eau, les unes s'enfoncent près de l'embouchure dès qu'elles échappent à l'action du courant, les autres flottent plus longtemps et vont plus loin ; le plus grand nombre des tiges se couchent immédiatement en arrivant au fond au bassin, quelle qu'en soit la pente ; quelques-unes gardent un certain temps sur le fond la position verticale : si des apports sédimentaires ont lieu pendant que ces dernières sont debout, elles peuvent être fixées dans cette position ; le sable surtout se prête bien à cette consolidation. M. Fayol a du reste donné à ces conclusions déduites de l'observation du terrain houiller la confirmation de l'expérience : des tiges d'arbres charriés par un cours d'eau avec d'autres sédiments sont susceptibles de se fixer debout ou inclinées au milieu des couches qui se forment dans le bassin de dépôt ; des peupliers, des acacias, des cerisiers, etc., ont donné à peu près les mêmes proportions de tiges debout et inclinées que les fougères, et cette proportion diffère peu de celle que l'on constate pour les tiges du terrain houiller (pl. XXIV, *fig.* 1 à 14). Dans l'hypothèse de la croissance sur place, on devrait d'ailleurs s'attendre à trouver des arbres entiers avec racines et branches : or, il n'en est pas ainsi, et, le plus souvent, les troncs sont des fragments de tiges, sans racines ni branches.

Ainsi disparaît l'argument qui pouvait sembler au premier abord comme établissant d'une manière irréfragable l'hypothèse de la formation de la houille par voie de croissance directe sur place : de la verticalité des tiges, on concluait qu'elles étaient sur leur sol natal ; puis, pour rendre compte de l'allure des couches sédimentaires qui les renferment, on en déduisait des affaissements lents et progressifs du fond des bassins correspondants, et l'horizontalité primitive des couches. Souvent même, par un cercle vicieux, on s'appuyait ensuite sur ces dernières hypothèses pour affirmer le développement *in situ* des tiges debout. Toutes ces explications compliquées s'écroulent devant l'étude attentive des faits si nets que M. Fayol a pu constater à Commentry.

L'examen des particularités diverses que présentent la disposition et l'allure des couches du bassin de Commentry forme l'objet d'un long Chapitre (p. 233-300), servant d'explication aux planches VI à XIII et XVIII de l'Atlas : il s'agit de faits tels que parallélisme des bancs, variation de nature et de puissance ; glissements, érosions, refoulements, failles locales, fausses stratifications ; grosseur et répartition des galets de grès, de schiste et de houille dans les bancs houillers et des galets granitiques dans les couches de houille ; clivages, etc., tous faits qui illustrent à merveille le mécanisme intime du phénomène sédimentaire, et dont on remarquera souvent l'étroite ressemblance avec ceux que l'étude des dépôts incomparablement plus modernes des anciens lacs quaternaires de l'Ouest des États-Unis est venu révéler à MM. Gilbert et Russell (*Annuaire géologique*, t. III, p. 707) ; cette analogie vient précisément confirmer d'une manière éclatante les conclusions énoncées par M. Fayol, qui, en rédigeant son Ouvrage, n'avait pas connaissance des résultats obtenus d'une manière indépendante par les savants géologues de Washington.

Après cet ensemble de Chapitres descriptifs, M. Fayol cherche alors à reconstituer l'histoire du bassin de Commentry, et à retracer les phases successives de son évolution, qui peut se résumer dans le comblement graduel d'une cuvette lacustre par la croissance, simultanée, mais inégalement rapide, de plusieurs deltas distincts, échelonnés sur les bords de la nappe d'eau primitive. Quant aux couches de houille, aucun cataclysme n'a précédé ni suivi la formation de chacune d'entre elles ; des raisons très simples d'ordre sédimentaire, ont fait que les végétaux charriés par les cours d'eau se sont tantôt disséminés au milieu des matières terreuses, tantôt amoncelés en couches ou en amas. Au début de la formation, alors que la plaine alluviale et la surface de végétation étaient peu étendues et le lieu d'alluvionnement très variable, les couches végétales n'ont pas pris de grandes proportions ; les grandes accumulations végétales se sont produites au moment où la plaine alluviale, déjà considérable, laissait cependant encore au bassin de dépôt un assez grand développement pour que les matériaux pussent se classer ; elles ont cessé de se former lorsque le bassin devenu exigu était sans cesse atteint sur tous ces points par les matériaux terreux, et qu'aucune de ses régions n'offrait la tranquillité qu'exigent le dépôt et l'accumulation des matières végétales.

Après le comblement du lac de Commentry se place la période d'éruption de la dioritine, qui a froissé, brisé, altéré le terrain houiller sur son passage et a dû produire aussi à la surface des dénivellations locales ayant leur contre-coup sur l'allure des cours d'eau.

Puis vient l'époque permienne, caractérisée dans la région par une grande activité hydrothermale ; des dépôts composés de débris granitiques et de matières siliceuses et ferrugineuses furent alors constitués, en nappes peu épaisses, reposant à la fois sur les roches granitiques et sur le terrain houiller, la discordance de stratification très marquée, qui les sépare des couches houillères, résulte, non d'un soulèvement, mais du fait que le lac houiller avec ses dépôts torrentiels inclinés, était comblé lorsque ces assises permiennes se déposèrent.

Bien que l'on constate, dans diverses parties du Plateau Central, les traces de nombreux phénomènes de dislocation postérieurs à la période carbonifère, l'allure générale du terrain houiller, dans la région de Commentry, tend à faire exclure presque complètement, en ce qui la concerne, l'intervention de bouleversements plus récents que son dépôt. Les modifications survenues depuis lors dans la configuration extérieure du sol résultent exclusivement d'érosions énergiques; les sommets primitifs ont perdu beaucoup plus de terrain que les lacs houillers et permiens n'en ont gardé ; et l'abaissement de la surface a marché sans s'arrêter un instant.

Nous regrettons de ne pouvoir suivre M. Fayol dans ses intéressants développements sur l'histoire du bassin de Commentry ; mais l'intelligence en serait impossible au lecteur, en l'absence des planches IV et V de l'Atlas, où sont représentées les étapes successives du comblement.

Cherchant à évaluer la durée de la formation du terrain houiller de Commentry, M. Fayol prend pour exemple le delta des Bourrus, le plus important et le plus intimement lié aux puissantes couches de houille du bassin. Se fondant sur l'examen des deltas actuels placés dans des conditions analogues, M. Fayol estime que l'édification de ce vaste cône de débris représente quelque chose comme 170 siècles. Sans attribuer plus de certitude à ce résultat que n'en comportent de pareils calculs, on doit remarquer que, dans l'hypothèse de la croissance sur place, on arriverait, en se basant sur les données numériques proposées autrefois par Elie de Beaumont, à une durée totale de 8000 siècles environ, soit cinquante fois plus que le temps nécessaire dans le système des deltas.

M. Fayol s'occupe enfin de l'âge relatif du terrain houiller de Commentry, et du climat de la région à l'époque houillère ; il nous semble disposé à trop généraliser lorsqu'il conteste toute valeur chronologique réelle aux subdivisions établies ailleurs sur l'ordre de succession des flores. Par contre, l'importance des roches éruptives sous ce rapport est bien mise en lumière : la répartition de leurs débris prouve que le lac de Commentry fut comblé longtemps avant celui de Montvicq, comme le montre la dioritine en filons à Commentry et en galets roulés à Montvicq, et que ce dernier était depuis longtemps transformé en dépôt sédimentaire, alors que les bassins de Saint-Étienne et de Saône-et-Loire conservaient encore une grande masse d'eau (silice et fer des sources thermo-minérales permiennes).

III. La troisième Partie du Volume, intitulée *Études sédimentaires*, est la justification, théorique et expérimentale, des idées de M. Fayol sur la formation des deltas lacustres et le dépôt des couches inclinées. Tout est à lire dans cet excellent aperçu, où l'auteur s'inspire sans cesse, comme termes de comparaison, des faits observés dans les petits deltas lacustres actuels, tels que ceux des cours d'eau se jetant dans le lac de Genève.

Après la lecture de cette partie si originale de l'Ouvrage, il ne peut plus rester aucun doute dans l'esprit du lecteur sur la justesse de l'interprétation remarquablement simple, complète et satisfaisante que M. Fayol a donnée de la structure de nos bassins houillers, dont celui de Commentry fournit un admirable type.

Le Livre de M. Fayol, nous le répétons, est un modèle d'exposition scientifique : les faits sont relatés avec une lucidité parfaite et les arguments sont présentés avec une abondance de preuves et de témoignages qui entraîne la conviction dans tout esprit non prévenu. C'est ce qu'aura montré, nous l'espérons, le résumé précédent, dont presque tous les termes sont empruntés aux pages mêmes de M. Fayol. Les géologues qui veulent interpréter d'une manière rationnelle la disposition et la structure intime des terrains stratifiés, quel qu'en soit l'âge, devront étudier par eux-mêmes ce document capital, pour comprendre le mécanisme si compliqué du phénomène sédimentaire, et s'efforcer d'acquérir la méthode de travail si originale et si profondément logique de M. Fayol.

III. — LA THÉORIE DES DELTAS,

APPRÉCIÉE PAR M. A. DE LAPPARENT,

(*Association française pour l'Avancement des Sciences*, 12 mars 1891.)

Tout le monde sait que la houille est un minéral combustible, qui forme de véritables couches, la plupart du temps très régulières, se poursuivant, sur de grandes surfaces, avec la même épaisseur, ordinairement comprise entre quelques centimètres et 1^m ou $1^m,20$. Dans les grands gisements du nord, les couches de houille sont intercalées, en parfaite concordance, au milieu d'un ensemble d'assises de grès fins et surtout de schistes, où personne n'a jamais hésité à voir des sédiments déposés au sein d'une eau tranquille.

Rien que cette concordance semblerait devoir faire naître *a priori* l'idée que la houille est un *sédiment*, au même titre que les terrains qui la contiennent. Il est vrai que sa nature végétale ne peut être mise en doute, non seulement parce que la houille est combustible, mais parce que les schistes qui l'accompagnent fourmillent d'empreintes de fougères et autres plantes parfaitement conservées. Mais cette origine n'a rien d'inconciliable avec l'idée d'un transport suivi de dépôt. A ce titre, le charbon de terre serait une *alluvion végétale*, tout comme les schistes et les grès encaissants sont des *alluvions minérales*; la transition de l'un à l'autre de ces types se ferait par les *schistes bitumeux*, si abondants au sein du terrain houiller, et dans lesquels se trouverait réalisé le mélange confus des deux genres d'alluvions.

Cette idée simple a été effectivement celle des premiers observateurs ; Antoine de Jussieu et Buffon l'ont professée ; et il est curieux qu'après l'avoir abandonnée, la science y revienne aujourd'hui, par un de ces longs circuits comme en enregistre si souvent l'histoire du développement de nos connaissances. Mais pourquoi l'idée n'a-t-elle pas définitivement triomphé dès le début? C'est d'abord parce que l'équivalent actuel du mode de formation par flottage ne pouvait guère être cherché que dans les trains de bois que charrient, dans leurs crues, les grands fleuves des pays vierges. Or l'absence, dans la houille, de toute espèce de troncs reconnaissables, et la grande régularité des couches, jointe à leur épaisseur parfois si faible, semblaient exclure toute analogie avec un mode de dépôt qui comporte nécessairement l'irrégularité et la confusion. C'est aussi, sans doute, parce que l'Angleterre, à qui revenait de droit, en raison de l'importance de ses gisements houillers, le privilège de recueillir, avant toute autre nation, les éléments d'une théorie sur l'origine de la houille, subissait dans la personne du chef incontesté de son école géologique, l'illustre sir Charles Lyell, ce que nous appellerons la *fascination des causes actuelles*. Accoutumés au spectacle des immenses tourbières de l'Irlande et de l'Écosse, les savants britanniques devaient céder d'autant plus facilement à la tentation d'en retrouver l'équivalent dans les gisements de combustible minéral, que pour expliquer l'accumulation des couches successives ainsi que les transformations survenues dans la nature du produit, le *temps*, cette panacée universelle de l'école, intervenait nécessairement comme un facteur de première importance.

Ainsi a pris naissance l'ancienne théorie, celle qui jusqu'à ces dernières années a régné sans partage dans la science ; celle qu'enseignent encore, à bien peu d'exceptions près, les manuels didactiques qui font autorité en Angleterre, en Allemagne et en Amérique.

On sait que la tourbe est engendrée par une végétation aquatique d'un caractère spécial, qui s'installe sur les terrains plats arrosés par une eau limpide et sans vitesse, quand l'atmosphère est humide et que la température moyenne annuelle ne s'élève pas au-dessus de 8° C. Dans ces conditions, les végétaux, surtout les mousses, se développent avec une grande vigueur. A mesure que leur tête croît, le pied meurt ; mais l'eau qui le baigne empêche les éléments de se disperser dans l'air ; la matière végétale, perdant une partie de son hydrogène et de son oxygène, s'enrichit en carbone et devient de la tourbe, fibreuse en haut, déjà compacte dans les parties inférieures. Plusieurs mètres de tourbe peuvent ainsi s'accumuler sur un même point, et la formation ne s'arrête que quand, à force de s'élever, la végétation dépasse sensiblement le niveau que l'eau peut conserver. De cette manière se constitue une couche parfaitement régulière de combustible minéral, n'ayant d'autres limites que celles du marécage qu'elle a servi à combler.

Il est vrai qu'une fois ce comblement opéré, la tourbe cesse de pouvoir s'accroître ; mais alors intervient une autre notion, celle des lentes oscillations de l'écorce solide. Jusqu'à ces derniers temps, on admettait comme chose démontrée que certains rivages s'affaissaient d'une manière continue, tandis que d'autres étaient soumis à un processus d'émersion. La mobilité de l'écorce étant ainsi passée en règle, il était naturel d'imaginer qu'un ancien marécage, comblé par de la tourbe, vint à s'enfoncer au-dessous du niveau général des eaux stagnantes, surtout au voisinage de la mer, où il se transformait en une lagune, facilement visitée par les eaux salées ;

mais les cours d'eau affluents y amenaient des alluvions, sableuses ou argileuses, qui peu à peu remplissaient la dépression, jusqu'à la hauteur où la végétation aquatique pouvait de nouveau s'installer. Alors commençait la formation d'une nouvelle couche de combustible, et il suffisait que cette succession de phénomènes se produisît quelques centaines de fois, pour rendre compte des apparences que met en lumière la coupe des grands bassins houillers.

D'ailleurs il était difficile qu'une pareille série de mouvements respectât toujours l'horizontalité des assises déjà formées ; l'épaisseur des sédiments intercalés entre deux couches de houille pouvait donc varier suivant les points observés. Même il n'était pas impossible qu'une partie seulement du sol couvert par la végétation vînt à s'affaisser par un mouvement de charnière, le reste demeurant en place et sans brisure ; auquel cas, une fois le niveau primitif rétabli par les nouveaux sédiments, la formation d'une nouvelle couche végétale devait reprendre sur toute la surface à la fois. Ainsi croyait-on pouvoir expliquer simplement le cas, assez fréquent dans la pratique, du dédoublement d'une couche de houille, par suite de l'intercalation d'un coin schisteux dont l'épaisseur augmente progressivement à partir de la séparation du charbon de terre en deux veines.

Tout cela, bien entendu, s'était passé avec une grande lenteur, et avait dû exiger des intervalles de temps incalculables. D'abord une couche de tourbe de quelques décimètres, qui elle-même représente plusieurs siècles de végétation, ne donne, une fois comprimée, que l'équivalent d'un petit nombre de centimètres de houille compacte. Par suite, une succession d'une centaine de couches, formant par la réunion de leurs épaisseurs de 40^m à 50^m de charbon de terre (comme c'est chose fréquente dans les grands bassins du nord), exigerait, rien que pour le développement de la végétation correspondante, des *centaines de mille années*. A cela il faut ajouter le temps nécessaire au dépôt des mille ou deux mille mètres de couches encaissantes, dépôt toujours très lent, à en juger par ce qui se passe de nos jours, soit qu'on envisage l'accumulation des sédiments détritiques sur le fond des mers ou des lacs, soit qu'on ait en vue la longue durée des mouvements d'affaissement qui ont dû provoquer les reprises du phénomène.

Enfin, dans cette théorie, le temps intervenait encore d'une autre manière, pour justifier la transformation progressive des végétaux en charbon minéral. L'enrichissement en carbone, conséquence du départ de quelques-uns des éléments volatils, ne semblait explicable que par un métamorphisme général, dans lequel la chaleur interne du globe avait dû jouer un rôle,

F.

mais qui certainement s'était poursuivi avec une extrême lenteur. N'en trouvait-on pas la preuve immédiate dans les grands dépôts de lignite, que la nature s'est plu à accumuler sur l'Allemagne du nord, à peu de distance de ces immenses tourbières du Hanovre, qui en seraient la descendance directe? Là aussi, de nombreuses couches de tourbe s'étaient constituées vers le milieu de l'époque tertiaire ; mais, enfouies depuis longtemps, elles avaient subi une transformation plus avancée. La tourbe avait fait place au lignite, combustible plus riche et plus compact, sorte d'intermédiaire entre le premier produit et le charbon de terre. On pouvait entrevoir qu'un plus long ensevelissement en eût fait de la houille, en attendant que celle-ci, perdant ses dernières substances volatiles, arrivât au dernier terme de son métamorphisme, c'est-à-dire à l'anthracite.

Ainsi tout s'enchaînait dans cette doctrine, qui se contentait de faire appel aux enseignements du présent, comme aussi aux analogies d'un passé encore assez récent. Toute idée de cataclysmes, de convulsions violentes, de causes exceptionnelles, en était écartée. Par cela seul, elle se *recommandait* suffisamment aux esprits qui avaient résolu de bannir, des conceptions géologiques, tout ce qui ressemblait aux rêves de l'imagination. Assurément on n'allait pas jusqu'à prétendre que l'identité fût complète entre le phénomène de la tourbe et celui de la houille. Le caractère essentiellement tropical de la végétation houillère se fût mal accommodé d'une identification avec les circonstances des tourbières, dont le développement est strictement limité aux régions de la zone tempérée froide. Mais, sous une autre forme, par exemple sous celle des cyprières de la Louisiane, le comblement de marécages par la végétation avait pu s'opérer dans les pays chauds et humides. Ce qui dominait tout, c'était l'idée que la végétation avait dû se développer *à la place même* où l'on en observait les restes minéralisés. De fait, on rencontrait à chaque instant, dans le terrain houiller, des troncs d'arbres demeurés debout. Depuis longtemps les dessins de Brongniart avaient rendu célèbres les troncs de *Calamites* conservés, perpendiculairement à la stratification dans le grès houiller de la carrière du Treuil, à Saint-Étienne. Il était donc bien naturel de penser qu'on se trouvait en présence des anciens arbres de la forêt houillère qui, après l'affaissement de la couche de débris végétaux, avaient su conserver leur verticalité pendant le dépôt des grès ou des schistes par lesquels la dépression s'était comblée.

A vrai dire, il restait bien quelque chose de fort étrange dans cette conception, vu la lenteur qui, selon la théorie, avait dû présider au dépôt des sédiments. Comment une tige, assez peu consistante pour que toute sa partie interne fût facilement enlevée et remplacée par un moule de sable ou de vase, s'était-elle conservée, sans s'altérer ni sans fléchir, pendant le temps nécessaire à la formation des couches encaissantes? Pourquoi n'y observait-on ni branches ni racines, et comment se trouvait-elle coupée net par le toit de la couche de houille, sans pénétrer jamais dans cette dernière? Voilà, certes, des objections qui eusent mérité d'être prises en considération ; mais on n'avait même pas l'idée de s'y arrêter. Les manuels géologiques représentaient complaisamment, à titre de plan d'une forêt houillère, le dessin d'une grande plaque de grès de la Nouvelle-Écosse, lardée de sections de tiges. Enfin, si quelqu'un avait encore émis des doutes, on lui eût victorieusement opposé, comme un argument sans réplique, la présence fréquente, à la base des couches de houille du Nord, *et seulement à cette place*, des appareils radiculaires connus sous le nom de *Stigmaria*, considérés alors comme les racines des Sigillaires, c'est-à-dire des grands arbres de l'époque. N'ajoutait-on pas que toujours, au contact de la houille, l'argile sous-jacente (*underclay*) était devenue réfractaire (*fireclay*), et que ce changement était dû sans conteste à l'action des radicelles, qui étaient venues chercher dans leur substratum l'élément ferrugineux par lequel l'argile eût été rendue fusible?

Pourtant la doctrine méritait un double reproche. D'une part, elle ne tirait absolument aucun argument de la nature même du charbon minéral, qui semblait demeurer en dehors de tout examen; comme si l'uniformité habituelle de composition des tissus végétaux eût rendu cette recherche indifférente. D'autre part, les circonstances topographiques de chaque gisement particulier n'étaient pas prises en suffisante considération. En un mot, la nature n'y était pas serrée d'assez près.

A l'égard du premier de ces reproches, il convient de reconnaître qu'à l'époque où la théorie a été formulée, on était vraiment excusable de n'avoir su tirer aucune lumière de l'examen direct d'une matière aussi rebelle à l'observation.

En effet, la houille, surtout celle qui s'est formée dans les grands bassins maritimes, est une substance d'aspect franchement minéral, à cassure tantôt lamellaire, tantôt conchoïdale, et où ni l'œil nu ni la loupe ne parviennent, en général, à déceler le moindre signe d'organisation. Même sous le microscope, en lames minces, elle ne laisse voir qu'une matière amorphe, où de rares indices de structure celluleuse sont à peine discernables.

Évidemment, toute spéculation sur l'origine de la houille manque de base, si elle n'est pas avant tout fondée sur la structure intime du combustible minéral. C'est donc cette structure qu'il faut déchiffrer à tout prix, en la débarrassant du voile où l'enveloppe la matière amorphe qui l'étreint. Pour cela, il faut faire appel à la Chimie. Elle nous apprendra d'abord que la matière en question n'est pas du bitume, car si la distillation du charbon de terre en engendre une quantité parfois considérable, on peut s'assurer que cette quantité ne préexistait pas. Il suffit pour cela de traiter le charbon de terre pulvérisé par les dissolvants habituels des hydrocarbures ; on s'assurera sans peine que ces dissolvants sont sans action. Poursuivant cet examen chimique, on sera amené à reconnaître que la substance amorphe est de nature humique ou ulmique, et que si elle est insoluble sous son état actuel, on peut du moins la dissoudre à l'aide d'un mélange de chlorate de potasse et d'acide azotique concentré.

En traitant le résidu par l'alcool ou l'ammoniaque, on rend visibles, sous le microscope, une foule de débris végétaux dont chacun laisse parfaitement reconnaître la structure des tisus d'où il dérive. Mais la proportion relativement restreinte de ces éléments, leur état déchiqueté et leur dissémination au milieu d'une sorte de gangue amorphe, indiquent qu'avant leur enfouissement dans les sables et les grès, ces débris ont été soumis à de fréquents et énergiques frottements (¹). D'ailleurs, tous appartiennent à des plantes terrestres, fougères, calamites, calamodendrées, sigillaires, cordaïtes, etc. Ce sont donc des détritus végétaux qui, incontestablement, ont subi un transport après la chute et la division en fragments des plantes qui leur avaient donné naissance.

Si, dans la plupart des gisements, cette importante constatation exige l'emploi successif des réactifs chimiques et du microscope, il est des cas où cette double manipulation peut être évitée. Dans les bassins houillers du centre de la France, où la houille est beaucoup moins compacte et moins homogène que dans le nord, on y remarque souvent, sur les cassures transversales à la stratification, des zones lenticulaires brillantes, d'un noir de jais, plus pures que le reste de la houille à teinte mate qui les entoure. Dès 1883, M. Fayol (²), que cette apparence avait frappé, et qui s'était appliqué à réunir, sur les ateliers de triage, le plus possible d'échantillons de ce genre, établissait qu'il s'agissait clairement de tiges aplaties. Les unes montraient une suite de fines cloisons appartenant à la partie médullaire centrale d'une calamodendrée. Sur les autres, une foule de cellules révélaient la présence d'un tronc de fougère arborescente. Ainsi se confirmait l'assertion émise en 1876 par M. Grand'Eury (³), que la houille du bassin

---

(¹) B. Renault, *Flore fossile de Commentry.*
(²) *Bulletin de la Société de l'Industrie minérale. District du centre,* 15 juillet 1883.
(³) *Mémoires présentés par divers savants à l'Académie des Sciences,* XXIV.

de la Loire était formée de résidus végétaux *posés à plat*, et se recouvrant mutuellement, comme s'ils s'étaient amassés sur un plan horizontal, dans une situation assez uniforme pour trahir l'action d'un liquide en repos. M. Grand'Eury reconnaissait en même temps que les résidus étaient des fragments de troncs, d'écorces, de tiges et de rameaux, des lambeaux de feuilles, etc., et qu'une même couche pouvait, à ce point de vue, tantôt se montrer très homogène, tantôt offrir une variété considérable. Plusieurs des couches de Saint-Étienne sont ainsi exclusivement constituées par des écorces de cordaïtes, lesquelles, transformées en houille, n'en gardent pas moins des épaisseurs capables d'atteindre sept centimètres. A Decazeville, la grande couche est formée d'écorces de calamodendrées.

Ce qui est intéressant, c'est cette constatation, que M. Grand'Eury a été le premier à faire : à savoir que les écorces, feuilles et organes de toute nature, encore revêtus de leur forme, jouaient dans la houille le même rôle que les empreintes végétales au sein des schistes houillers. La matière ulmique, résultat d'une macération de détritus végétaux, forme en quelque sorte le *sédiment* au milieu duquel les restes reconnaissables ont été enfouis. Et la transition s'accomplit par ce que M. Grand'Eury a appelé le *fusain*, c'est-à-dire le charbon mat, tachant les doigts, et qui représente des portions de tiges, dont la structure anatomique a disparu, tandis que l'ordonnance relative des diverses régions caulinaires était conservée.

Quant au mode d'accumulation de ces détritus, il est facile à reconstituer. Nous ne saurions mieux faire que de reproduire ici ce que disait M. de Saporta ([1]), en introduisant ses lecteurs « à l'ombre des forêts carbonifères, au pied des ondulations faiblement accusées où s'amoncelaient dans des mares dormantes ces immensités de résidus de toute provenance qu'engendrait une végétation toujours active, à la fois exubérante et promptement épuisée. C'était de toutes parts des jets effrayants, des productions improvisées, des poussées subites élevant des colonnes vertes dont le rôle était aussi éphémère que la fermeté peu assurée. La plupart des tiges carbonifères, creuses ou gonflées de moelle à l'intérieur, succombaient par l'exagération même de leur croissance ; les fougères se couronnaient de frondes invraisemblables par leur dimension ; les tiges des sigillaires se dépouillaient rapidement de leurs feuilles, et tous ces débris s'accumulaient sans trêve dans une ombre étouffée, sur un sol détrempé. On conçoit l'énormité des produits ulmiques, la décomposition faisant de nouveaux progrès à la moindre averse, de manière à réduire en une pâte noirâtre la couche de résidus la plus inférieure... Rarement les tiges tombées demeuraient

---

([1]) Article de M. DE SAPORTA, *Revue des Deux-Mondes*, 1882, p. 684.

entières. Des troncs de fougères il ne restait que l'étui périphérique ou les fibres intérieures désagrégées ; des cordaïtes, des sigillaires, des lépido-dendrées, rien que la région corticale. Les feuilles détachées formaient d'autres entassements, et tous ces monceaux obstruant certaines places au bas des déclivités, au débouché des vallées intérieures, attendaient l'arrivée et le passage des eaux pour abandonner à leur action d'innom-brables matériaux parvenus à des degrés très inégaux de décomposition. »

Voilà donc bien expliquée la formation de ce que M. de Saporta a juste-ment appelé « la purée végétale », qui a fourni la gangue amorphe au milieu de laquelle flottent les écorces et les feuilles. Mais cette purée n'est plus en place ; elle porte, M. Grand'Eury l'a démontré, les indices manifestes d'une mise en suspension dans l'eau. Les débris qu'on y reconnaît proviennent du déchirement d'organes végétaux, et l'état de ces fragments atteste qu'avant leur enfouissement, ils ont été soumis à de fréquents et éner-giques frottements (¹). Par quel mécanisme s'est opéré ce transport? C'est ici qu'il devient nécessaire de nous séparer de M. Grand'Eury.

En effet, ce savant admet qu'à l'époque des grandes pluies, les eaux, ruisselant de toutes les pentes, finissaient par entraîner, jusqu'à une dépres-sion lagunaire, les digues de détritus organiques qu'elles rencontraient sur leur passage, et avec lesquelles elles charriaient des tiges, des feuilles, de jeunes pousses, parfois des végétaux entiers. Mais, selon M. Grand'Eury, ces eaux étaient parfaitement limpides et pures de tout limon (²). Assez universelles pour balayer tous les points d'une région boisée, elles ruisse-laient sur des pentes « assez égales pour ne pas donner lieu à des ravine-ments ». « La contrée, ajoute M. de Saporta, devait disparaître sous un lacis de plantes et de débris accumulés, assez épais pour livrer à leur action de nombreux matériaux de transport, sans aller jamais jusqu'à l'érosion du sol sous-jacent. »

D'autres fois, au contraire, les ruissellements se faisaient par des eaux bourbeuses, chargées de limon ou de sable, et tendant à combler les lagunes par des schistes et des grès. Ainsi se seraient produites les intercalations de couches de houille au milieu de sédiments d'une autre nature.

Nous l'avouons sans détour : cette conception nous paraît injustifiable pour quiconque connaît la manière d'être des eaux courantes.

Quand le terrain est disposé de manière à permettre, à de certains moments, le ravinement du sol par des eaux torrentielles, il est inadmissible

(¹) Renault, *Flore fossile de Commentry.*
(²) Grand'Eury, *Annales des Mines,* 1882 ; M¹¹ de Saporta, *loc. cit.*

qu'à d'autres instants, ces courants aient la discrétion de se détourner pour
ne plus laisser en fonction que des eaux limpides, qui elles-mêmes, par une
sorte de réciprocité bien étrange, auraient soin de n'emporter que de la
bouillie végétale, sans jamais toucher au sol sous-jacent. Un cours d'eau
n'a pas de ces subtilités. Quand ses eaux gonflent, par le fait du ruissellement qui balaie ses versants, elles déploient toute la puissance qui résulte
de leur masse et de la hauteur de chute. Si le relief du terrain reste le même,
le travail sera identique. Observons d'ailleurs que, si les eaux boueuses
emportaient de la vase et des cailloux, à plus forte raison devaient-elles
détruire au passage la forêt houillère. Qu'advenait-il donc de ses débris,
et faudra-t-il imaginer deux sortes de couches, les unes formées par le
déplacement tranquille, à petite distance, de la bouillie végétale, les autres
résultant de l'altération des débris charriés par les torrents limoneux?

Combien plus simple et plus rationnelle est la théorie de M. Fayol, celle
des *deltas houillers !* Avec quelle perfection elle s'applique à ces bassins
lacustres de la France centrale, où l'abondance des conglomérats à gros éléments trahit l'existence, à l'époque carbonifère, d'un relief accentué,
à la faveur duquel les cours d'eau pouvaient déployer, sur un petit espace,
une grande puissance mécanique ! Chacun de ces bassins s'est formé
dans une cuvette, occupée par un lac souvent très profond. Les affluents
du lac y versaient, à chaque crue, tout ce qu'ils venaient d'enlever à leurs
rives, c'est-à-dire les cailloux, les sables, la vase, les végétaux entiers,
et la couche de détritus accumulée sur le sol des forêts. A leur arrivée
dans le lac, les alluvions engendraient un delta torrentiel, composé de
couches inclinées, en pente d'autant moins raide que la dimension ou la
densité des débris transportés était plus faible. Les blocs et les galets se
précipitaient les premiers, puis les sables, enfin la vase et, par-dessus, les
matières végétales. Longtemps abandonnées à elles-mêmes, celles-ci auraient
fini par gagner la surface ; mais avant qu'elles eussent réussi à se dégager
complètement, un nouvel apport d'alluvions venait les enfouir pour
jamais. La séparation des débris végétaux d'avec les matières terreuses
avait-elle été suffisante, il en résultait une couche de houille pure, pouvant
même contenir moins de cendres que la moyenne des plantes d'où elle
dérivait, si les parties de végétaux qui l'avaient engendrée étaient de celles
où les cendres sont le moins abondantes. Au contraire, était-il resté une
proportion trop forte de particules minérales, il se formait soit un schiste
bitumineux, soit un grès charbonneux, ou encore une houille impure,
pénétrée de *nerfs schisteux*, comme cela arrive si souvent dans les couches
épaisses du Plateau Central. D'ailleurs, suivant la violence et la direction

des crues, les paquets de matières végétales pouvaient être tantôt considérables, tantôt insignifiants ; et comme, dans ces petits réservoirs lacustres, aucune cause n'en pouvait provoquer l'étalement, ils demeuraient à la place où avait eu lieu leur chute, sauf quelques glissements que pouvait provoquer le tassement inégal des vases sous-jacentes. Par là se formaient des amas lenticulaires plutôt que des couches proprement dites, et l'épaisseur de ces amas, toujours localisés, était susceptible de subir de brusques et considérables variations.

Si la théorie des deltas houillers n'avait été qu'une vue de l'esprit, imaginée, en dehors de toute observation directe, pour expliquer certains traits généraux des bassins lacustres, on aurait pu, sans en méconnaître la valeur, conserver quelques doutes sur l'opportunité de son application. Mais M. Fayol avait suivi, dans l'élaboration de cette doctrine, une tout autre méthode. C'est en ingénieur qu'il avait procédé, sans parti pris d'aucune sorte. C'est l'observation patiente et réfléchie qui l'avait conduit pas à pas à un corps de doctrines, à mesure que se complétait entre ses mains l'inventaire systématique du bassin de Commentry.

A la différence de l'immense majorité des gisements houillers, qui ne peuvent être exploités que par travaux souterrains, et où l'observation, toujours difficile et discontinue, demande constamment à être complétée par des hypothèses sur l'allure des parties invisibles, le gîte de Commentry s'exploite à ciel ouvert, par d'immenses tranchées de 30^m à 60^m de profondeur, dont le développement total atteint plusieurs kilomètres. C'est un tableau toujours lumineux, où les relations mutuelles des divers éléments du terrain viennent se peindre sans voiles, et où les progrès de l'extraction permettent de suivre d'une façon continue les transformations que subissent toutes les couches. Pendant nombre d'années, M. Fayol a relevé ce tableau toujours changeant, tenant note de ses variations, recueillant et classant, sans relâche, des échantillons dont chacun pût apprécier à son gré la signification. C'est ainsi que, sur les parois des tranchées, il a vu se dessiner la stratification des deltas torrentiels, aussi clairement qu'elle ressort, à Genève, dans les excavations qui entament l'ancien delta de l'Arve, et qu'ont si bien étudiées MM. Desor et Colladon. Maintes fois il a constaté le passage des grès aux schistes, et de ceux-ci à la houille, ainsi que les changements latéraux produits par les divagations des cours d'eau affluents. Collectionnant avec soin les cailloux roulés des conglomérats, pour les comparer avec les roches de la surface, il est parvenu à définir l'origine locale de chaque apport torrentiel, ainsi que les empiètements momentanés d'un cône de déjection sur un autre. Mais surtout il lui a été donné de prendre sur le fait la séparation des alluvions végétales, et leur réunion en filets, en paquets, ou en couches définies.

Ici c'est une couche inclinée de grès noirs, dont les éléments deviennent de plus en plus fins à mesure qu'on en suit la pente, et d'où se détachent au pied des filets de houille. Et ceux-ci vont se souder à une couche inférieure, qui marque le progrès constant, vers le large, du dépôt d'alluvions végétales ; de sorte que l'âge des diverses portions de cette couche, continue en apparence, n'est pas exactement le même, comme aussi quelques-unes de ses parties sont contemporaines des strates inclinées du couronnement gréseux. Ailleurs c'est une succession d'accidents capricieux, strictement limités à un petit nombre de strates, et où l'on voit un dépôt antérieur raviné par un autre plus grossier, qu'un déplacement des torrents est venu jeter à sa surface ; ou bien c'est un glissement, produit par le tassement inégal des couches inférieures, et qui a divisé un lit, primitivement continu, en une série de tronçons, engendrant ce que les mineurs appellent une *allure en chapelet*.

Bien que la signification de tous ces accidents fût parfaitement claire, M. Fayol a tenu à la préciser davantage en faisant appel à l'expérimentation. Il a créé, à l'aide de grandes caisses en bois destinées au lavage des charbons, des bassins artificiels de sédimentation (¹), où il lui était loisible de faire varier à son gré, soit la vitesse et la direction des courants, soit la nature et la proportion des matières transportées. Une fois le dépôt accompli, des sections verticales pratiquées dans sa masse permettaient d'en relever toutes les particularités, et de constater qu'on y retrouvait, trait pour trait, les circonstances caractéristiques du gisement de Commentry.

La cause était donc gagnée, et il ne restait plus qu'à répondre à certaines objections que ne manqueraient pas de formuler les partisans de l'ancienne doctrine. La plus importante était celle des troncs d'arbres réputés en place. Justement, aucun gisement, mieux que celui de Commentry, ne se prêtait à cet examen ; car il s'y trouve une assise à laquelle l'extraordinaire abondance des tiges de calamodendrées a fait donner, par les ouvriers, le nom de *banc à roseaux*. Il n'a pas été difficile à M. Fayol de montrer, d'abord qu'aucun de ces troncs ne tenait par des racines à une apparence quel-

---

(¹) Voir le détail de ces expériences dans l'Ouvrage de M. Fayol sur le bassin de Commentry, et aussi dans le compte rendu de la réunion extraordinaire de la Société géologique de France en 1888 (*Bulletin*, 3ᵉ série, t. XVII).

F.   10

conque de sol ; ensuite que tous étaient des tronçons de tiges, les unes debout, les autres couchées ou inclinées ; enfin que la proportion des tiges verticales aux autres était à peine de 1 à 100. Même, parmi les spécimens observés, il s'en est rencontré un qui avait sa souche en l'air ! Une fois de plus, M. Fayol a eu recours à l'expérimentation. Après avoir rappelé que les sapins flottés sur le Mississipi restent très souvent debout, il a fait voir que, dans un courant rapide, nombre de végétaux, fût-ce même des frondes de fougères, gardent la station verticale, pour ne commencer à se coucher que quand leur pied a touché le fond. Observant de plus que les portions de tiges abondent dans les bassins du Plateau Central, au milieu des conglomérats à gros galets, où personne n'imaginera d'aller chercher un ancien sol, le sagace observateur en a conclu que tous ces troncs, charriés par les eaux torrentielles avec une masse de sables et de graviers, étaient venus échouer dans toutes les positions possibles au sein des couches d'alluvions du delta ; alors celles-ci, assez consistantes pour respecter, quelle qu'elle fût, la position acquise par les tiges, avaient eu beau jeu pour pénétrer dans l'intérieur de ces dernières, à la place de la partie médullaire déjà décomposée, et à en prendre le moule.

La houille ne résulte donc pas de l'accumulation sur place des restes d'une végétation de lagunes ou de lacs, périodiquement enfouie et renouvelée. Les fragments de bois et d'écorces qu'elle contient sont toujours très petits, tandis que, s'il y avait eu des forêts aux points où l'on rencontre le charbon de terre, on retrouverait infailliblement des troncs entiers, ainsi que des branches avec leurs ramifications. Même un transport à courte distance, jusqu'à une dépression lagunaire, n'eût certainement pas fait disparaître cette sorte d'éléments.

Cela ne veut pas dire qu'il ne puisse pas se rencontrer exceptionnellement, dans les gisements houillers, de tiges réellement en place. M. Grand'-Eury en a observé et dessiné qui, enracinés dans la vase, paraissaient avoir émis en outre, à diverses hauteurs, des racines adventives, sans doute à mesure que l'envasement faisait des progrès. Un tel fait n'est en aucune manière incompatible avec la notion des deltas. Ce genre de formation comporte, en sus des alluvions immergés, des atterrissements superficiels plus ou moins stables, où la végétation peut très bien s'installer pour disparaître plus tard, soit que son support vaseux se tasse, soit qu'une crue du fleuve la recouvre par de nouveaux dépôts. C'est, en particulier, ce qui se passe fréquemment à l'embouchure du Mississipi ; mais ces exemples seront toujours rares relativement aux tiges charriées.

De plus, c'est un fait curieux et significatif, que là où il existe des troncs enracinés, ils ne pénètrent *jamais* dans les couches de houille, qu'ils n'ont en rien concouru à former.

Reste la question des *Stigmaria*, ces souches si fréquentes à la base de certains lits de houille ; mais l'argument qu'on en pouvait tirer a perdu la plus grande partie de sa valeur, depuis que les botanistes ont reconnu dans ces organes des rhizomes rampants, capables, dans certains cas, de donner naissance à des tiges aériennes de sigillariées, mais qui se contentaient le plus souvent de vivre tels quels sur les marécages houillers. Dès lors, quand, saisis par les courants torrentiels, ils étaient entraînés dans les deltas, il était naturel qu'étant plus lourds et mieux équilibrés par leur forme que les autres débris végétaux, ils dussent gagner de suite le fond de la couche destinée à devenir de la houille.

Ceux qui auront bien voulu, à notre exemple, se rendre à la force de tant de bonnes raisons, apercevront de suite quelles importantes conséquences découlent de la nouvelle manière de voir. En premier lieu, les mouvements du sol, si nombreux et parfois si compliqués, qu'il fallait mettre en jeu pour expliquer la superposition d'un grand nombre de couches de houille, cessent absolument d'être nécessaires. Les couches se sont appliquées les unes sur les autres, comme font les sédiments dans un cône de déjection immergé, et si la complète stabilité du sol n'est pas une des conditions du phénomène, du moins il n'y a pas, *a priori*, de raison pour la mettre en suspicion.

De plus, que deviennent les milliers de siècles autrefois réclamés pour la formation des bassins houillers? Que penser de ces calculs des anciens auteurs, cherchant à évaluer le nombre de centimètres de charbon de terre que pourrait donner toute la substance d'une forêt vierge, afin d'en déduire combien de végétations successives, et par suite combien de milliers d'années avaient dû être employées à la formation d'une seule couche de houille? Tout cela s'évanouit comme une bulle de savon qui crève. Non seulement une couche tout entière, quelle qu'en soit l'épaisseur, devient à nos yeux le produit d'une seule crue, mais à cette même crue appartient une portion au moins des argiles et des grès sous-jacents.

Ce n'est pas tout encore, et l'un des principaux mérites des observations de M. Fayol est d'avoir établi avec quelle rapidité a dû se faire la transformation en houille des débris végétaux. En effet, dans le bassin de Commentry, comme dans celui de la Haute-Dordogne, il a recueilli de nombreux *cailloux de houille*, faisant partie des conglomérats carbonifères au même titre que les galets de quartz, de gneiss, de micaschiste, empruntés aux roches de la périphérie des bassins. La houille de ces cailloux était parfaitement formée. Souvent même on y distinguait la succession de lits mats et brillants, si fréquente dans les charbons du centre de la France. Ainsi, pendant la formation d'un bassin qui, précisément, appartient, par l'homogénéité reconnue de sa végétation, à une phase très étroitement limitée de l'époque houillère, au moment où se déposaient les derniers conglomérats, les couches végétales de la base étaient déjà de la houille. Un changement dans l'équilibre du sol, en ramenant au jour une portion de delta déjà consolidée, en a permis l'érosion par les torrents, et la houille en a subi l'effet tout comme les roches encaissantes. A peine si l'on peut dire que le charbon de ces galets offre un peu moins de densité et de dureté que la houille normale du même bassin.

Ce fait est gros de conséquences, et l'on en peut déduire, avec M. B. Renault, qu'au rebours des idées autrefois professées sur l'intervention du métamorphisme général, *c'est antérieurement à leur enfouissement dans les deltas que les matières végétales sont devenues de la houille.* Depuis lors, elles n'ont guère été modifiées que dans leurs propriétés physiques : la pression a augmenté leur densité, en déformant un peu les tissus ; l'intercalation dans un milieu poreux a déterminé une déshydratation. Mais la composition chimique du charbon minéral était acquise dès le début, et le temps n'est pour rien dans le phénomène.

Déjà, du reste, le microscope avait fait évanouir le mirage d'une transformation progressive de la tourbe en lignite et de celui-ci en houille. Les lignites de l'Allemagne du Nord s'étaient révélés comme constitués par des débris de conifères, tandis que les cycadées dominaient parmi les charbons jurassiques, et que ces différents types se montraient absents de la flore houillère. Mais si la différence intrinsèque et originelle des dépôts se trouvait ainsi établie, il n'en résultait pas que le charbon minéral eût été formé de suite tel qu'il est. Or, c'est le fait capital qui ressort des travaux de M. Fayol, et il ne reste plus qu'à en développer les conséquences. C'est ce que nous allons faire en nous aidant des considérations récemment développées par M. B. Renault, au sujet de la houille du bassin de Commentry ([1]).

La houille de cordaïtes de Commentry, qui provient d'un bois parfaitement homogène et sans mélange, répond sensiblement à la formule $C^{14} H^5 O$. On peut déduire cette composition de celle de la cellulose $(C^{12}H^{10}O^{10})^6$, en faisant perdre à cette dernière 30 équivalents d'acide carbonique, 14 équivalents d'hydrogène proto-carboné, et ajoutant 1 équivalent d'eau. C'est précisément la réaction qui s'accomplit dans la vase

([1]) *Flore fossile de Commentry* (*Bull. Soc. Industrie minérale*, 3ᵉ série, t. IV).

des marécages où, sous l'influence de micro-organismes, la cellulose se décompose, en dégageant de l'acide carbonique et du gaz des marais.

Il est vraisemblable que les matières végétales des forêts et des marécages houillers ont subi une macération analogue, après quoi, entraînées dans les lacs ou les estuaires, et recouvertes de sables et d'argiles, elles ont vu la transformation se compléter sous l'influence d'une pression graduelle et d'une déshydratation au contact de couches poreuses.

A cette époque, les plantes possédaient de nombreux appareils pour la sécrétion des gommes et des résines. Les fougères, les cycadoxylées, les sigillaires en étaient abondamment pourvues. Or les eaux provenant du lessivage de ces plantes, laissant déposer les substances résinoïdes devenues insolubles après le travail des micro-organismes, ont pu engendrer des masses combustibles différentes de celles qui proviennent directement des végétaux organisés.

En tout cas, c'est sans doute dans cette richesse en produits résineux, jointe aux facilités rencontrées par la macération, que réside le privilège spécial de l'époque houillère. Le bénéfice d'un climat tropical, avec atmosphère lourde et humide, était alors étendu au globe tout entier, et sur des continents qui, après avoir longtemps cherché leur assiette, commençaient à acquérir une ampleur rarement dépassée depuis lors, s'installait une végétation d'une puissance extraordinaire, toute chargée de principes gras et féculents. C'est l'abondance de ces principes qui, en engendrant par macération la substance ulmique, a imprimé sa caractéristique au phénomène houiller.

D'après ce qui vient d'être dit, la transformation des plantes en houille aurait comporté deux phases successives ([1]) : la première, purement chimique, comprenant l'appauvrissement en hydrogène et l'enrichissement en carbone des tissus végétaux et de leurs produits ; la seconde, mécanique, celle de compression et de dessiccation dans un milieu perméable, faisant acquérir aux houilles les propriétés physiques qui les caractérisent. Le résultat de ces deux phases dépend, entre certaines limites, de la nature chimique et physique des végétaux. Ce sont les feuilles, les bois, mais surtout les assises subéreuses et prosenchymateuses des écorces, plus ou moins chargées de réservoirs de sécrétion, qui ont concouru à la formation du charbon minéral. Comme ces divers éléments sont loin d'être identiques au point de vue de leur richesse en composés résineux ; comme, en outre,

---

([1]) RENAULT, *loc. cit.*

le transport par l'eau courante a dû, bien souvent, opérer un classement des produits par catégories similaires, on s'explique sans peine la grande variété des houilles, leur teneur inégale en matières bitumineuses, et la proportion non moins variable des gaz qu'elles peuvent donner à la distillation.

Le travail de la macération des végétaux devait d'ailleurs s'accomplir rapidement : car, dans un bassin peu étendu, comme celui de Commentry, des parties où la houille est complètement formée coexistent avec d'autres où la transformation est à peine esquissée ; et nous avons vu, par l'exemple des galets de houille, que la réaction était certainement achevée bien avant que tout l'ensemble des sédiments du bassin se fût déposé.

Tels sont les enseignements si féconds que nous donne l'étude détaillée des gisements lacustres du centre de la France, et qui changent sur tant de points les vues théoriques dont jusqu'alors on s'était contenté. Si l'on réfléchit qu'au cours de leurs recherches, MM. Grand'Eury et Fayol ont mis en lumière une foule de documents qui ont considérablement élargi nos connaissances, aussi bien sur la faune entomologique et ichthyologique de l'époque houillère que sur sa flore ; qu'à ce dernier point de vue, M. Grand'-Eury a fait en Paléobotanique d'importantes découvertes, ultérieurement étendues par les travaux de MM. Renault et Zeiller ; enfin qu'il a su préciser les diverses phases de la végétation carbonifère, au point que l'étude des espèces dominantes est devenue, entre ses mains, un moyen d'information industrielle dont la fécondité s'est récemment révélée avec éclat dans les recherches de houille du bassin du Gard, on ne sera pas étonné de nous entendre réclamer, pour ces savants, une place éminente parmi ceux qui ont droit à la reconnaissance des géologues.

Les coupes de Commentry sont si lumineuses, et toutes les particularités qu'on y observe s'accordent si bien avec les résultats des expériences de sédimentation, que tous ceux qui ont visité ce remarquable gisement en sont revenus convaincus de l'excellence de la théorie des deltas. Mais plusieurs se sont efforcés d'établir que si la doctrine de M. Fayol était bien applicable aux petits bassins lacustres du centre de la France, elle ne convenait en rien aux gisements marins de la Flandre, de la Belgique, de l'Angleterre et de la Westphalie. Telle est, en particulier, la thèse que développait, le 17 décembre 1889, à la séance publique de la classe des sciences de l'Académie royale de Belgique, l'éminent ingénieur et géologue belge, M. Alphonse Briart.

Pour ne pas encourir le reproche de dénaturer la pensée de notre savant

ami, nous reproduirons textuellement ici quelques passages de son discours, et notamment celui où il trace le tableau de ce que devait être le
pays des charbonnages belges à l'époque des houilles (¹).

« Représentons-nous cette plaine basse, immense, comme une jungle de
l'Inde ou une steppe de la mer Caspienne, s'étendant à perte de vue dans le
sens de l'Est et de l'Ouest, et s'arrêtant, vers le Sud, aux montagnes bleues
qui bordent l'horizon de ce côté et qui sont les premiers soulèvements des
Ardennes. Depuis l'époque déjà lointaine de ces soulèvements, la contrée
n'a pas cessé de s'affaisser et la mer a commencé le comblement de l'immense dépression qui en était résultée. Les bassins secondaires se sont
remplis dès l'époque dévonienne ; puis est venue l'époque carbonifère qui
a complété l'horizontalité des dépôts. Les premières assises sédimentaires
de l'époque des houilles se sont déposées à leur tour et la mer s'est retirée
vers le Nord. Elle y a formé un cordon littoral et élevé de faibles dunes,
ceinture protectrice qui lui a, de ce côté, fermé l'accès de la plaine. Par le
jeu des marées, elle y a fait longtemps refluer les cours d'eau qui y appor-
taient leurs dépôts limoneux. Le niveau s'est élevé de plus en plus et tout
y est admirablement préparé pour la formation qui va venir.

» A un régime purement marin a succédé un régime d'eaux saumâtres, et
bientôt celui-ci a été remplacé par un régime entièrement d'eau douce. Les
eaux limoneuses se sont peu à peu détournées, et il ne reste sur la vaste
plaine qu'une eau peu profonde, dans laquelle n'arrivent plus les sédiments
terreux.

» Bientôt une abondante végétation vient s'y implanter, et elle se trouve
transformée en une forêt immense. Des cours d'eau, maintenant au-dessus
du balancement des marées, y décrivent leurs méandres aux cours chan-
geants, paisibles et tranquilles. »

Alors l'auteur trace le tableau de la végétation de l'époque, et dit comment les débris de cette végétation, s'accumulant sur le sol même comme
font aujourd'hui les détritus au pied des arbres d'une forêt vierge, y ont
fourni les matériaux d'une couche de houille. Mais cette accumulation ne
peut pas être indéfinie et, pour expliquer la superposition de plusieurs
couches distinctes en un même point, M. Briart fait intervenir en ces termes
les mouvements du sol :

« L'affaissement général de la contrée continue ; il s'accentue même à un
moment donné et modifie brusquement le régime des eaux. Les ruisselle-

---

(¹) *Bull. Acad. royale de Belg.*, 1889, p. 842.

ments plus rapides entaillent plus profondément les terres émergées et, se répandant au milieu de la forêt houillère, y transforment les eaux limpides en eaux boueuses et sédimentaires. De son côté, la mer y revient d'abord par les embouchures des rivières, puis, franchissant les faibles barrières que lui opposent les dunes affaissées, en refoule les débris dans la plaine. Les sables et les argiles se déposent, tantôt en eaux douces, tantôt en eaux salées, nous offrant ainsi le type le plus saisissant d'une *formation poldérienne*. La végétation disparaît.

» Cet état de choses continue jusqu'à ce que ces sédiments, après un temps plus ou moins long, finissent à leur tour par combler le polder. Alors les ruissellements deviennent moins rapides et de nouvelles dunes restreignent de nouveau l'empire de l'océan. L'eau, moins profonde, redevient limpide, la végétation reprend possession du domaine dont elle avait été momentanément dépossédée, et une seconde couche de houille commence à se former. »

Une première chose nous frappe dans ce tableau : c'est la complète méconnaissance des lois ordinaires de l'hydraulique. Comment ! voilà une plaine immense, sans limites, que le temps a transformée en un vaste marécage, où les eaux qui viennent du continent n'ont plus la force de transporter même du limon, et c'est par un *affaissement général* qu'on prétend restituer aux ruissellements une nouvelle puissance ! Mais ne sait-on pas que l'activité des eaux courantes est uniquement gouvernée par la différence de hauteur qui existe entre les sources et les embouchures? De telle sorte qu'un affaissement du sol, qui diminue cette différence, ne peut qu'entraver encore l'écoulement des eaux et paralyser davantage en elles la faculté de transporter des matières solides. Une résurrection de l'activité sédimentaire, sur un point où cette dernière s'était déjà endormie par suite du défaut de pente, ne peut résulter que d'une émersion du pays sur lequel l'érosion avait cessé d'avoir prise, et c'est, en pareil cas, un contre-sens absolu que de parler d'affaissement.

Il y a plus : on a encore présent à l'esprit le portrait que M. Briart vient de tracer de cette immense lagune, qui se poursuit à perte de vue, portant sa parure forestière au pied baigné par une eau limpide. Mais que va donc devenir la contrée quand il se sera produit une suite d'affaissements assez considérables pour permettre l'accumulation des *douze cents* mètres de sédiments que comporte le seul terrain houiller du bassin de Mons? Elle se sera évidemment affaissée tout entière de pareille quantité. Alors, à moins de supposer un trop complaisant mouvement de bascule, faisant regagner d'un côté ce que l'on perd de l'autre, mouvement auquel il n'est d'ailleurs pas fait la plus petite allusion dans l'écrit que nous venons de citer ; alors, disons-nous, il ne restera bientôt plus rien du pays ! Ce n'est plus seulement la plaine qui disparaîtra : le Brabant, l'Ardenne et presque toute l'Europe y passeront avec elle et finiront par être enfouis sous plusieurs centaines de mètres d'eau salée.

A tout le moins, puisqu'à l'époque houillère la mer longeait le bord méridional de l'ancien continent paléozoïque, de nos jours si morcelé, qui s'étendait alors de la Finlande à l'Amérique du Nord, à mesure que se prononçait l'affaissement des lagunes de la houille, c'est au Nord que la mer devait s'avancer, et s'il est possible qu'à une certaine distance elle rencontrât un obstacle invincible dans quelque chaîne de hauteurs aujourd'hui disparue, du moins il n'est pas contestable que le territoire affecté à la formation des couches de houille devait s'étendre dans cette direction, en proportion même des progrès de l'affaissement.

Voyons maintenant ce que nous enseigne la Géologie. Au rebours de ce qu'on devrait attendre, elle nous montre les couches de houille *constamment refoulées vers le Sud-Ouest.* Ainsi les houilles maigres, celles qui occupent, comme on sait, la base de la formation, apparaissent sur le bord nord-est du bassin ; viennent ensuite les houilles demi-grasses, qui forment une bande extérieure à la précédente ; puis les houilles grasses, encore plus distantes des premières, et les *flénus* ne se montrent que contre la lisière sud-occidentale des faisceaux houillers. Jamais, sur une même verticale, on n'observera la superposition des flénus aux houilles maigres, ce qui devrait être, quelque inclinaison que les couches eussent ultérieurement subie, si la succession de ces deux régimes résultait d'un simple phénomène d'affaissement. Loin d'avoir été conquis par la mer en proportion de l'amplitude de ce mouvement vertical, le territoire belge a été, au contraire, de plus en plus délaissé par les lagunes houillères, celles-ci se déplaçant toujours vers le Sud, jusqu'au jour où la formation du charbon de terre s'y est trouvée complètement interrompue, tandis qu'elle continuait dans le bassin de la Sarre comme dans le Plateau Central de la France.

Ainsi la conception n'est pas seulement condamnée par les lois imprescriptibles de l'érosion et de l'hydraulique ; elle est formellement démentie, en fait, par la distribution géographique des sédiments houillers, attestant qu'au lieu d'un mouvement de descente, c'est une *émersion* progressive de territoire qui s'est produite.

Ce n'est pas tout ; et la façon dont se présentent, vers la base de la formation, les couches à fossiles marins, subordonnées aux sédiments

F.   11

houillers, empêche de considérer comme des lagunes les territoires où se formait le charbon de terre. En effet, ce ne sont pas des coquilles d'eau saumâtre qu'on rencontre dans ces assises, ni même des espèces habituées à vivre contre les rivages, sous une faible profondeur d'eau ; ce sont des êtres franchement marins, tels que des ammonitidés (des goniatites, par exemple), qu'aucun zoologiste ne soupçonnera jamais capables de migration dans des lagunes superficielles.

Elles apparaissent dans de minces lits calcaires, attestant le retour momentané des conditions qui avaient présidé au dépôt des calcaires carbonifères, et dont la première est certainement l'absence d'eaux troubles, chargées de vase ou de sable. Donc, au moment où ces lits se sont formés, le régime marin d'eau profonde était certainement rétabli. Dès lors, les schistes et les grès encaissants ne sont plus de simples alluvions fluviales, venant combler une cuvette poldérienne ; ce sont des sédiments directement jetés dans la mer, et le fait de leur intermittence, permettant le retour des coquilles pélagiques avec le dépôt des calcaires, ne peut s'expliquer que d'une façon, à savoir par les déplacements plus ou moins capricieux d'une embouchure. Nous voilà donc, de force, ramenés à la notion des *deltas*.

Mais poursuivons ; puisque, dans ces sédiments, nous voyons se révéler la puissance de dégradation et de transport d'eaux continentales, venant déboucher dans un détroit en voie de comblement, il est impossible que, parmi les matières charriées, les détritus végétaux fassent défaut. On vient de nous dire qu'une immense forêt couvrait un pays absolument plat. C'est au travers de cette végétation que les grands cours d'eau, obligés de se frayer un passage, nécessairement variable vu l'absence de pente, doivent maintenant accomplir une partie de leur œuvre d'érosion. Que feront-ils donc de toutes ces plantes qu'ils détruisent impitoyablement, sinon d'en flotter les débris jusqu'à l'embouchure, pour les jeter, pêle-mêle avec les troubles, dans le delta, où la différence des densités amènera le dépôt successif du sable, de la vase et des végétaux? ces derniers, d'ailleurs, devant être enfouis sous de nouvelles alluvions avant qu'ils aient eu le temps de se dégager complètement de la vase et de remonter jusqu'à la surface de l'eau.

Une autre circonstance plaide encore en faveur des deltas : c'est la composition même des sédiments houillers du Nord. D'une part, on n'y observe jamais de galets, jamais rien qui ressemble à un cordon littoral de cailloux, comme la vague en édifie sur tous les rivages soumis à l'érosion ; d'autre part, rien non plus ne trahit l'existence d'eaux continentales torrentielles ; le grain des grès houillers est toujours très fin, si fin que le mica y forme souvent des lits parallèles, changeant les grès en *psammites*. Ce qui domine, ce sont les schistes, c'est-à-dire d'anciennes vases argileuses. Or l'eau courante ne cesse de transporter des cailloux de grosseur appréciable que quand sa vitesse moyenne descend aux environs de $0^m,50$ ou 1^m par seconde, ce qui est la vitesse des grands cours d'eau actuels au voisinage de leur arrivée dans la mer. Ce sont donc des sédiments d'embouchure, étalés par des fleuves puissants, parvenus à une grande distance des régions où le travail actif de l'érosion était venu troubler leurs eaux. Et cela encore nous ramène à la notion des deltas.

Comme on s'explique bien, dans cette conception, l'embarras où se trouvent les mineurs, quand ils cherchent à raccorder ensemble les couches de deux charbonnages voisins ! Ce raccordement devrait être la chose la plus simple du monde, si ces couches avaient pris naissance, au même moment, dans une seule lagune au fond horizontal. On sait bien pourtant que ni les couches ne se prolongent exactement (même abstraction faite des dislocations subséquentes), ni les *stampes* ou intervalles stériles ne demeurent constants, ce qui oblige à imaginer des mouvements d'une complication extraordinaire, comme ces phénomènes de bascule avec charnière qu'on invoque pour expliquer l'apparent dédoublement de certains lits. Au contraire, que tout cela devient simple quand on considère qu'il s'agit de dépôts de deltas, dus à une embouchure qui se déplace sans cesse, de telle sorte que les sédiments n'ont qu'une étendue limitée, et se recouvrent capricieusement en s'imbriquant les uns dans les autres ! Enfin, comme on trouve dans le tassement naturel et forcément inégal des dépôts inclinés d'un delta une justification rationnelle de ces accidents si fréquemment révélés par l'exploitation, quand le terrain se montre morcelé en paquets que limitent de petites failles obliques, ne se prolongeant ni en haut ni en bas au delà du faisceau qu'elles affectent !

Il est un autre argument que nous ne pouvons pas nous dispenser de mettre en lumière : c'est la rareté relative, dans les bassins du Nord, des tiges, debout ou couchées. Si la houille était le résultat de la décomposition sur place des matériaux d'une forêt, c'est dans les prétendues lagunes du Nord, où ces forêts auraient été extraordinairement développées, qu'on devrait rencontrer le plus grand nombre de troncs, de branches ou d'écorces. Au contraire, il semble que l'abondance de ces éléments soit en raison inverse de la dimension des bassins, et tel gisement de quelques kilomètres, même de quelques hectomètres carrés, situé dans les dépressions du Plateau Central, en fournira plus que n'en donneront les plus grands charbonnages de Flandre ou de Belgique. Inexplicable dans l'hypothèse d'une forêt en place, cette circonstance se justifie immédiatement, si l'on réfléchit que les deltas marins se formaient à une grande distance des points où avait lieu l'apport des matières végétales ; de telle sorte que celles-ci, dans le long trajet qu'elles devaient parcourir, avaient plus de chances de n'arriver à la mer qu'à l'état de menus fragments.

Du reste, les tiges qui y sont parvenues l'ont fait de manière à ne laisser aucun doute sur la façon dont elles y ont été conduites. Nous avons reproduit dans notre *Traité de Géologie* ([1]), d'après l'*Explication de la Carte géologique de France*, de Dufrénoy et Elie de Beaumont, le dessin d'une tige fossile observée à Anzin ([2]). Nous avions choisi cette vignette exprès, parce qu'il était impossible de dire qu'elle eût été faite pour les besoins de la cause ; car elle a été publiée en 1841, à une époque où l'on croyait à la formation de la houille en place, et la tige en question était même présentée par les auteurs comme un argument en faveur de la théorie. Or cette tige, sans racines à sa base, dépourvue de branches et coupée net à 5^m de hauteur, offre cette particularité, de traverser à la fois un grès houiller et une argile schisteuse, dont les strates, au contact du végétal, ont été *nettement relevées en bourrelet*. Absolument inexplicable dans l'hypothèse d'un dépôt tranquille, venant entourer un tronc d'arbre en place, ce relèvement (d'ailleurs habituel autour des tiges des bassins lacustres) indique d'une manière certaine (l'expérimentation directe le démontre aussi) que le dépôt a eu lieu dans une eau agitée, au contact d'un corps charrié par le courant qui transportait les sédiments. Ainsi nous devons à la conscience et à la scrupuleuse exactitude des illustres auteurs de la Carte géologique de France de pouvoir, après cinquante ans écoulés, réfuter leur propre manière de voir en invoquant les documents mêmes sur lesquels ils avaient cru pouvoir la fonder.

En résumé, la houille des bassins maritimes est, comme celle des cuvettes lacustres, une alluvion végétale, déposée dans un delta. Seulement, le dépôt ayant eu lieu après un plus long transport, et par l'action de cours d'eau pourvus d'une moindre pente, en même temps que les sédiments fins prenaient seuls part à la constitution du delta, les débris végétaux y arrivaient en fragments plus menus et plus froissés. De là l'homogénéité bien plus grande des houilles du Nord, et l'absence de signes organiques visibles à l'œil nu. En outre, les alluvions arrivant dans un bras de mer, le jeu des vagues les forçait à s'étaler ; ce qui explique comment les couches du Nord

---

([1]) 2e édition, p. 863.
([2]) *Explication*, etc, t. I, p. 763.

sont généralement si régulières. Dans le Plateau Central, des paquets de végétaux, entraînés par un torrent, descendaient avec violence des pentes voisines d'un lac aux bords escarpés, pour s'y précipiter en un bloc avec les cailloux, engendrant ainsi des amas de houille puissants mais très localisés. Dans le Nord, bien longtemps avant l'embouchure, il devait y avoir, lors des crues, d'immenses nappes fluviales, larges de bien des kilomètres, dans le genre des estuaires actuels de l'Orénoque et des Amazones, sur toute la surface desquelles s'étalait le convoi de matières végétales. Ce convoi formait déjà une couche mince, étalée et bien égale, dont l'action marine ne pouvait qu'accentuer la régularité. En se déposant, les matières ulmiques, qui en formaient la masse principale, se dégageaint peu à peu des vases tout à fait fines, avec lesquelles elles étaient charriées, ce qui explique, vu l'identité du phénomène à toutes les crues, la parfaite constance de la composition du *mur*. Au contraire, le *toit*, résultat d'une crue ultérieure, pouvait être quelconque. De plus, il s'appliquait sur la couche végétale déjà formée, sans lui rien emprunter. Enfin, comme les végétaux non macérés, tels que les frondes de fougères et un certain nombre d'écorces, avaient dû surnager à la surface des matières ulmiques, on comprend que leur empreinte ait été si souvent prise par la couche du toit.

Dans les deltas ainsi engendrés, certains chargements de végétaux pouvaient parvenir dans des eaux très profondes ; et les interruptions du dépôt des vases, causées par la divagation des embouchures, étaient propres à y faciliter le retour des animaux pélagiques, momentanément chassés par un voisinage gênant. D'autres couches, déposées au voisinage immédiat de la surface, sur la partie du delta en voie d'émersion, recevaient le contact des eaux saumâtres, et devenaient, provisoirement ou pour toujours, le fond de lagunes bientôt accessibles à une végétation aérienne ; auquel cas des plantes enracinées, ayant réellement vécu *in situ*, pourront, comme dans les bassins lacustres, et mieux encore peut-être, se trouver associées aux sédiments détritiques.

Ainsi tout s'explique aisément dans cette conception, jusqu'à la persistance si accentuée de cette action fluviale, qui a pu durer assez longtemps pour combler, sous des milliers de dépôts, l'ancien bras de mer du calcaire carbonifère. La Géologie nous enseigne que les mouvements hercyniens ont fait naître, à l'époque carbonifère, une chaîne de hauteurs qui se poursuivait de l'Armorique jusqu'au delà de la Bohême, et dont la surrection a été l'effet de poussées successives, ayant commencé avec l'époque dévonienne, pour s'accentuer pendant l'époque houillère. C'est sans doute à la faveur de ces mouvements du sol que les cours d'eau ont disposé pendant si longtemps du pouvoir d'érosion dont témoigne l'importance des sédiments houillers.

Parvenus au terme de cette démonstration, ne convient-il pas de se demander comment il se fait qu'une théorie, qui nous semble à nous si lumineuse, et en dehors de laquelle fourmillent les contradictions et les impossibilités, n'ait acquis l'adhésion des spécialistes que dans son pays d'origine, et qu'à l'étranger il lui faille encore livrer bataille pour obtenir d'être prise en considération? Assurément il faut faire la part de la défiance qu'inspire, *a priori*, toute conception nouvelle, arrivant de l'extérieur, et prétendant mettre en défaut des notions qu'on a depuis longtemps admises sans hésitation, de sorte qu'elles semblent faire partie du patrimoine national.

Mais peut-être aussi est-il permis de penser que si la théorie des alluvions végétales est souvent incomprise, c'est un peu par la faute des premières publications de ceux qui l'ont conçue. Déjà nous avons vu que M. Grand'-Eury, après avoir si clairement démontré le caractère sédimentaire de la houille, avait, si l'on peut s'exprimer ainsi, gâté sa théorie par la distinction arbitraire et contre nature des eaux de ruissellement en limpides et limoneuses. De son côté, préoccupé de réagir contre la disposition à abuser des mouvements de l'écorce terrestre, M. Fayol a peut-être mis, au début, trop d'insistance à n'en admettre aucun. De même il a laissé voir, à l'endroit des enseignements de la Paléontologie végétale, un scepticisme injustifié. Ces écarts se sont atténués depuis lors, et il suffit, pour s'en convaincre, de lire le compte rendu de la réunion de la Société géologique de France à Commentry. Mais ils peuvent continuer à servir de prétexte à ceux qui ne veulent pas se rendre, et c'est pourquoi nous jugeons utile d'en répudier ici la solidarité.

En Géologie, plus qu'en toute autre matière, l'expérience impose un sage éclectisme, et la complication des phénomènes naturels est si grande, qu'on risque gros jeu à vouloir encadrer chaque catégorie dans une formule unique et invariable. Ainsi, de ce que la houille est une formation de transport, et de ce que, dans l'immense majorité des cas, son dépôt a dû se faire dans des deltas, il n'en résulte pas, nous l'avons déjà reconnu, qu'on ne puisse rencontrer de végétaux *in situ* dans les sédiments houillers. De même, si les couches de houille ont pu se former sous des inclinaisons assez prononcées, il serait téméraire d'affirmer que l'allure actuelle des bassins du Plateau Central n'a été troublée que çà et là par la sortie de quelques roches éruptives. On répondrait victorieusement en montrant des couches pliées en forme de V, ou notoirement renversées sur elles-mêmes. On rappellerait les importantes dislocations qui se sont produites en Europe, pendant la formation des terrains houillers, dislocations auxquelles, pour notre part, nous attribuons le fréquent renouvellement de la puissance mécanique des cours d'eau. Prétendre que ces mouvements du sol aient été sans influence sur les phases de la formation des bassins, même lacustres, serait évidemment excessif. Par exemple, les dernières études de M. Grand'Eury sur le bassin du Gard y ont montré l'existence de deux faisceaux houillers, séparés par un puissant système stérile. Les flores des deux faisceaux appartiennent à deux phases très différentes, et nullement consécutives, de la végétation houillère. Il est inadmissible que, de l'une à l'autre, le bassin lacustre ou lagunaire ait continué à exister sous la même forme, et que les variations du même delta justifient le dépôt du système stérile, comme la discordance manifeste qui sépare les faisceaux houillers. Là, certainement, les mouvements organiques ont joué un rôle.

En introduisant ces réserves, nous ne croyons nullement diminuer le mérite des savants ingénieurs dont nous nous appliquons à populariser les idées. Au contraire, c'est pour leur frayer plus facilement la voie que nous tenons à en élaguer tout ce qui pourrait légitimer, en apparence, la prolongation d'une résistance que nous espérons voir bientôt tomber.

Dans le discours que nous avons plus d'une fois cité, notre éminent ami M. Briart voulait bien rappeler que nous avions été, dès la première heure, un champion convaincu de la théorie des deltas houillers. Avec sa bienveillance habituelle à notre égard, il se plaisait à qualifier cette adhésion d'importante, tout en ajoutant que, « malgré cette haute autorité », il lui semblait que la doctrine aurait de la peine « à faire son chemin dans le monde géologique ».

En ce qui concerne la France, la prévision de M. Briart ne s'est pas réalisée. Tous, ou peu s'en faut, sont aujourd'hui d'accord sur ce point ; et si la France est loin de faire la majorité dans « le monde géologique », c'est bien quelque chose que l'adhésion raisonnée de gens qui ont vu, de leurs yeux, l'inoubliable gisement de Commentry, et qui, éclairés par cette lumière, en ont fait l'application facile à un grand nombre d'autres bassins. Voici maintenant qu'en Angleterre quelques observateurs arrivent d'eux-mêmes à cette idée, pendant que les sondages sous-marins, notamment ceux d'Alexandre Agassiz, nous apprennent qu'à des profondeurs de plus de mille brasses, au large des Antilles, le fond de la mer peut être parfois tapissé de végétaux terrestres. Nous espérons donc que la théorie des deltas est bien près de faire son tour du monde, et qu'un jour viendra sous peu où l'on ne sera surpris que d'une chose : c'est qu'il ne lui ait pas suffi de se faire connaître pour se voir immédiatement acceptée.

TABLE DES MATIÈRES.

59049   Paris. — Imprimerie GAUTHIER-VILLARS et Cⁱᵉ, Quai des Grands-Augustins, 55.

PARIS. — IMPRIMERIE GAUTHIER-VILLARS ET Cᵢₑ.

50048   55, Quai des Grands-Augustins.

.

www.ingramcontent.com/pod-product-compliance
Lightning Source LLC
Chambersburg PA
CBHW050606210326
41521CB00008B/1138